知る・選ぶ・楽しむ

シードルガイド

監修　藤井達郎

池田書店

はじめに

「Bar & Sidreria Eclipse first」店主

藤井達郎

10年ほど前、スコットランドのパブで、一杯のサイダーを飲みました。それまで日本でイギリスの大手ブランドのサイダーしか飲んだことがなかった私は、そのとき初めて、サイダーにも多くの種類があるのだと知りました。そして、同じりんごを原料としたお酒が、フランスでは「シードル」、スペインでは「シドラ」と呼ばれ親しまれていることを知り、同じ原料を使ってこれほどまでに個性の違うお酒がつくられていることに強く興味を惹かれたのです。

焼きりんごのような香ばしい風味や、牧草のような独特ながらクセになる香り、搾りたてのりんごの甘酸っぱいさわやかな味わいやヴィネガーのようなキリッとした酸味。時と場所を選ばず楽しめる気軽さがある一方で、泡立ちがきめ細やかで澄んだ黄金色のシードルは、高級なシャンパンに匹敵するエレガントさがあります。同じ分類のお酒とは思えないほどの豊かな個性こそが、シードルの魅力です。

お店をオープンした当初は、シードルがどんなお酒か知らないお客様もたくさんいらっしゃいましたが、最近ではシードルを飲める店を検索して訪れる方が増えています。そうしたお客様も、想像以上に味わいの幅があることに驚かれています。乾杯や食事のお供にシードルを選ばれる方もいれば、二軒目に来店されて、ウイスキーやカルヴァドスを飲む前に喉を潤す一杯として楽しまれる方もいらっしゃいます。強いお酒が得意ではない方も、甘めのシードルなら飲めると喜んでくださいます。グループで来店し、お互いが選んだシードルを飲み比べながら感想を言い合うのも楽しみ方のひとつです。

シードルの飲み方に決まったルールはありません。シードルの魅力を知り、みなさんの好みやそのときの気分で自由に選び、楽しんでみてください。どんな料理に合うか、自分だけの組み合わせを探すのも楽しいでしょう。本書がそんなシードル選びの一助になれば幸いです。

CONTENTS

Part 2 シードルを楽しむ

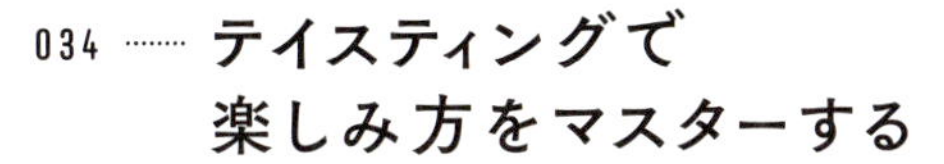

Part 3 シードルを選ぶ

CONTENTS

OTHERS

Part 1 シードルを知る

シードルに
ついて
知っておきたい
5つのこと

“シードルは”りんごのお酒です

まずは、シードルを知るための第一歩として、
原料のりんごのことや、アルコール度数はどれぐらいなのか、
シードルを取り囲む状況など、
基本の基本をチェックしておきましょう。

原料は主にりんごだけ

シードルは、りんごの果汁を発酵させてつくられる醸造酒です。1本のシードルをつくるために使われるりんごの数は、日本の場合、平均5〜6個です。

スパークリングだけじゃない

しゅわしゅわとした軽やかな泡立ちのあるタイプが主流ですが、泡のないスティルタイプやアイスシードルもあります。

アルコール度数が低めで飲みやすい！

アルコール度数が2〜9％程度と幅広く、やさしい飲み口も多いので、普段、お酒を飲み慣れない人にもおすすめです。

海外ではポピュラーなお酒

ビールやワインと同じように、シードルがテーブルに並び、かつては水代わりに飲まれていた国も。シードルの最大の消費国はイギリスで、フランス、スイス、スペインと続きます（出典：AICV）。現在、世界で飲まれているシードルは、なんと約1000種類以上！

日本でも人気上昇中

日本では、そば粉でつくられたフランスのガレットとシードルの組み合わせが有名で、まだ国産シードルを楽しむイメージがあまりないかもしれませんが、ここ数年で生産者や種類が増え、注目を集めています。

“甘いだけじゃなく”さまざまな味がある！

1

上品な
りんごの香りと
エレガントな
味わい

日本
信州まし野ワイン
ピオニエ・シードル

なじみのあるりんごがお酒になったことを感じられるフレッシュ感が魅力。

→ P.155

フランス
ドメーヌ・デュポン
キュヴェ・コレット
Domaine Dupont
Cuvèe Colette

甘味、酸味、渋味のバランスがよく雑味がない。りんごの香りがほんのり広がる。

→ P.072

「シードルは甘いお酒」というイメージが強いですが、いろいろな味のタイプがあります。その一つとしてまず味わってほしいのが、1**すっきりと上品な口当たり**のシャンパーニュ製法でつくられたシードル。瓶内二次発酵のあとに、時間をかけて澱引きをしており、金色の液体の中をきめ細かい泡がつらつらと上がっていく様子は本当にきれいです。

また、りんごの甘味とは異なる2**キリッとした辛い味わい**で驚くのが、日本の辛口。アルコールは糖分が酵母に分解されることでつくられるため、原料のりんごの甘味が強い分、アルコー

シードルには、りんご感あふれる甘い味はもちろん、
甘さの中に渋味があったり、酸が立っていたり、
甘味がまったくないクリアな辛口もあったりと、
幅広い味わいがあります。まずは、シードルの基本として
押さえておきたい4つの味をご紹介します。

4

スペイン

マニェル・ブスト・アマンディ シードラ・ナチュラル

Manuel Busto Amandi
Sidra Natural

スペイン伝統のスティルタイプ（非発泡）。シャープな酸味で、すっきり辛口。

→ P.110

3

泡立ち控えめで
喉ごしよく
グビグビ飲める

イギリス

ヘニーズ イングランズ・プライド ミディアム・サイダー

Henney's
England's Pride Medium Cider

キリッとした酸味があり、軽い泡立ちですっきりドライな味わい。

→ P.098

ル度数が7〜9度と高めです。

りんご由来のフルーティさのため甘味をあまり感じず、わずかに感じる渋味が後味をさっぱりとさせてくれるのが、**3 イギリス・アメリカなどの中辛口タイプ**。イギリスでは、パブでビール代わりに親しまれています。

そして、想像を超えたユニークな味わいに驚くのが、**4 シャープな酸味が効いたスペインのシドラ**です。高い位置から細く勢いよく注ぎ、空気を含ませることで酸味をやわらげるエスカンシアールを行ってから飲むスタイルが現地では定着しています。

甘さや辛さだけでなく、製造工程やりんご品種などによって、渋味・酸味とのバランスやりんごの風味、カジュアル、リッチといったイメージ、後味などが変わります。ぜひいろいろ試して、それぞれの個性あふれる味わいを楽しみましょう。

“ほかのお酒との違いは？”

シードルに興味をもった人の多くが、疑問に思うことの一つです。
シードルがどんなお酒なのかを理解するには
ビールやワインなど普段から飲みなれているお酒とくらべると
それぞれの違いがわかって、イメージがつかみやすいでしょう。

“ワインとビールのいいとこ取り”

ワインもビールもシードルも醸造酒という仲間。発酵させてつくる点では同じですが、ビールは麦、ワインはぶどう、シードルはりんごと原材料が違います。

また、ビールのようにフレーバーを足したり、シャンパン特有のデゴルジュマン（↓P22）という澱を減らす方法が取り入れられたり、出荷するまでに熟成させたりと、つくり方にビールとワイン両方に共通する部分があるのは、シードルならではです。

“ときにビールのように、ときにワインのように”

ビールやワインもさまざまなタイプがありますが、シードルはそれらと匹敵するほどバラエティが豊かです。

しゅわしゅわとした発泡があり黄金色で、ドライな飲み口のタイプはまるでビールのよう。「とりあえず、ビール！」と同じように、「とりあえず、シードル！」という言葉がぴったりです。気になるプリン体も、シードルはビールの40分の1ほどで、限りなくゼロに近いといわれ、ビールよりヘルシーといえます。

一方で、ワインのようにタンニンが効いたコクのあるタイプもあります。香りも、りんごの甘く芳醇な香りから、複雑な発酵由来の香りもあり、大きなワイングラスをまわしてそれぞれの香りを感じながら、ゆっくりと飲むのも楽しみ方の一つです。

“合わせる食事も時間帯もオールマイティ”

りんごというカジュアル感も加わって、ワインと比べると気軽な雰囲気。アルコール度数が低く、フルーティな甘さのあるものもあるので、お酒が不慣れな人も飲みやすく、ホームパーティなどの手みやげにも最適です。

天気のいい休日に青空の下で飲んだり、ディナーの食事に合わせたり、ティータイムの代わりにシードルとスイーツを楽しんだり……。飲むシーンを選びません。

ボトルもさまざまで、ワインボトルやシャンパン用のボトルのほか、350㎖ほどの小瓶や缶もあり、グラスに注がず缶やボトルのままグビグビと飲むシーンも似合います。いつでも気軽に自由に飲めるのがシードルの魅力です。

“料理との”マッチングも楽しい！

多彩な味がそろうシードルは、選び方次第でどんな料理にも合います。
ペアリングの際に押さえておきたい基本のポイントのほか、
タイプ別の合わせ方などをチェックして、
料理と一緒にどんどんシードルを楽しみましょう。

押さえておきたい3つのポイント

① 同じ地域の料理

② りんごと合う料理

③ 甘味が隠し味になる料理

まず、王道なのは、シードルの生産地と同じ地域の料理。例えば、フランス・ノルマンディ地方のりんごでつくられたシードルと同じ地方の郷土料理であるガレットは、最高のパートナーです。また、スペインの酸味の強いシドラは、現地のシドレリア（シードル専門のレストランやバー）でも出される煮込み料理などと合わせると違和感がなく、互いを引き立ててくれます。

また、りんごが原料なので、豚肉を使った料理など、りんごと合うものはシードルとの相性も外れがありません。りんごを材料にしたフルーティなタレで味わう焼肉や肉のグリル料理、甘辛いテリヤキソースの料理などとも合うでしょう。

意外な組み合わせが、スパイスの利いた辛い料理。タマネギをじっくり炒めたチャツネが辛味をまろやかにしたり、コクを与えたりするように、ほのかなりんごの甘味が同じ役目を果たしてくれるのです。

シードルと料理のマッチングは、ワインほど研究しつくされていないので、その可能性の開拓は始まったばかり。固定観念にとらわれずにいろいろと試して、想像を超えた新しい組み合わせを見つけるのも楽しみです。

タイプ別おすすめマッチング

シードルをテイスト別で5つにタイプ分けし、相性のいい料理の例をピックアップしました。P72からのカタログでチャートの形が似ているものや本書がおすすめするレシピ（P50～58）も参考にしてください。

A

ゴクゴク飲めるすっきり爽快タイプ

［代表的な銘柄］
ヘニーズ イングランズ・プライド・ミディアム・サイダー（P98）、クリスプ・アップル・サイダー（P171）など

唐揚げ、魚のフライ、ポテトフライ、餃子など

B

酸味と甘味がほどよい白ワインタイプ

［代表的な銘柄］
ポワレフレッシュ（P75）、キュヴェ・シレックス（P80）、朝日町シードル無袋ふじ（P142）など

魚介のカルパッチョ、香草焼き、テリーヌ、生野菜など

タンニンや果実味を感じる味わい深いタイプ

［代表的な銘柄］
シードル・ブリュット（P76）、シードル・アルジュレット（P77）、シードル・フェルミエ・ブリュット（P87）など

ラム肉のグリル、ローストビーフ、チーズなど

ドライでキリッと辛い日本酒タイプ

［代表的な銘柄］
Cidre de Sobetsu(DRY)（P132）、サン・スフル シードル（P141）、ピオニエ・シードル（P155）など

焼き魚、水炊き、貝の酒蒸し、漬け物など

E

シャープな酸味が効いたビネガータイプ

［代表的な銘柄］
シードラ・ナチュラル（P110）、シードラ・アバロン・トラバンコ（P112）、アスティアサラン・シドラ・セカ（P113）など

チョリソ、白身魚のムニエル、アヒージョ、ハムカツなど

“世界各国で”呼び名も味も違う

シードルが楽しまれている代表的な国の特長や楽しみ方をご紹介。
りんご品種のほか、国や産地ごとに製法も異なり、
味わいもさまざま。それぞれで独自のシードル文化や習慣があり、
国によって呼び方が違うのもおもしろいところです。

JAPAN
日本

「シードル」
日 Cidre

シードル文化が定着し花開く時代が到来

近年、りんごの名産地である長野や青森を中心に、多様な醸造所が立ち上がり、100を超えるブランドが誕生しています。食用品種を用いた清涼感のある繊細な味わいは、料理を引き立てる最高のパートナーになります。

→ P.124

U.S.A
アメリカ

「ハードサイダー」
米 Hard Cider

自由な雰囲気でわいわいカジュアルに

19世紀の禁酒法の影響で、成長の早い麦を使ったビールが長く主導権を握っていましたが、クラフトビールブームや健康志向で、シードル人気が再燃。日本と同じく生食用品種を使ったフレッシュな味のほか、ベリーやホップなどを用いたユニークなスタイルも。

→ P.114

UNITED KINGDOM
イギリス

「サイダー」
英 Cider

パブでも定番
消費量は世界最大

かつて人気だったシードルは不遇の時代を迎えたこともありましたが、クラフトビールの影響などを受け、若者からも支持を集めるように。パブには、ビールの隣にサイダーのタップがあり、パイントグラスで楽しまれています。

→P.092

「アプフェルヴァイン」
独 Apfelwein

GERMANY
ドイツ

伝統のピッチャーで
豪快に飲み干そう

フランクフルトとその周辺が一大産地。アップルワインを指す「アプフェルヴァイン」がシードルのこと。微炭酸で、甘味の強いものが多いです。ベンベルと呼ばれるピッチャーと切子模様が入ったグラスで提供されます。

→P.162

FRANCE
フランス

伝統の製法による
ほどよい甘味と渋味

ぶどう栽培に適さないブルターニュ地方とノルマンディ地方が主な生産地。ほとんどのシードルが、デフェカシオンという伝統的な製法でつくられます。加熱した果肉のようなクセのあるシードルは、チーズと相性が抜群です。

→P.068

「シードル」
仏 Cidre

「シドラ」
西 Sidra

SPAIN
スペイン

エスカンシアールが
味わいを引き立てる

バスク地方とアストゥリアス地方が二大産地。酸の強いりんごが多く、キレのあるビネガーのようなシドラ・ナチュラルはスペインならでは。エスカンシアールで高い位置から勢いよく注がれたものをすぐに飲み干すのがマナー。

→P.106

HOW TO MAKE CIDRE

シードルができるまで

りんごがどうやって、しゅわしゅわとした泡のあるお酒になるのか?
シードルのつくり方は、国はもちろん、
地域や生産者によっても、製法やこだわりが違いますが、
ここでは基本の工程をご案内します。

1.収穫の時期を迎えたりんごを手摘みする（タムラファーム／青森県）2.地面に落ちた完熟りんごを拾い集めて収穫（マノワール・アプルヴァル／フランス） 3.収穫時期に、木をゆすってりんごを落とす（シリル・ザンク／フランス）

1／収穫・選果

完熟し、糖度の上がったりんごを使用。熟して自然に落下したものを収穫するほか、木を揺らして落下させたり、一つひとつ手摘みすることもある。同じ品種でも、酸味や甘味、渋みなどは異なるため、できあがりの味をイメージしながら選果や品種のブレンドを行う。

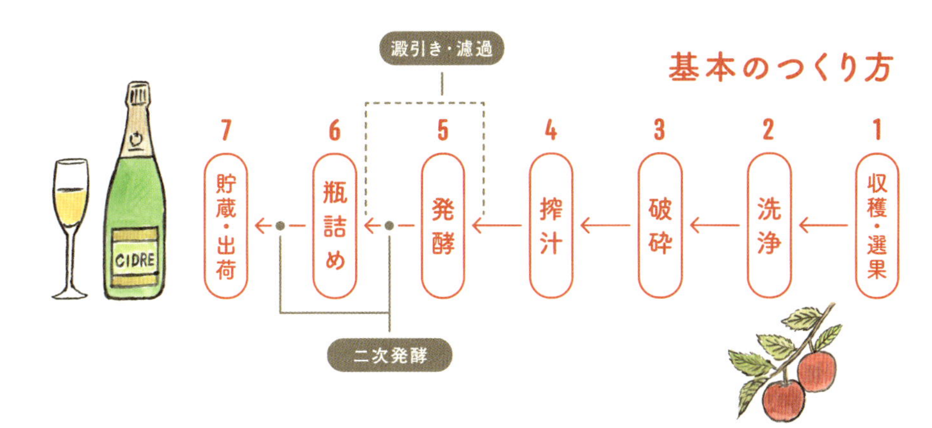

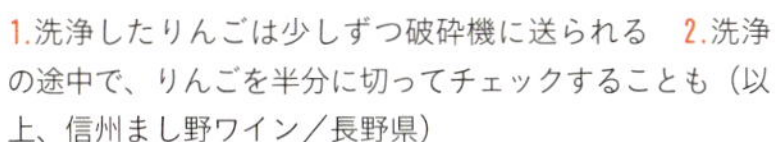

1.洗浄したりんごは少しずつ破砕機に送られる　2.洗浄の途中で、りんごを半分に切ってチェックすることも（以上、信州まし野ワイン／長野県）

2 / 洗浄

冷たい水で表面のゴミや汚れを洗い流す。傷みなどがないかもチェックし、不要な部分は取り除く。この際、りんごを半分に割って、内部に害虫や病気が発生していないかなど、外からではわからないことを調べる場合も。

3 / 破砕

りんごはぶどうなどと違って硬いため、まず砕いてつぶす必要がある。破砕（はさい）機の中にりんごを皮が付いた状態で丸ごと入れて細かく砕く。

破砕したあとのりんごのもろみ（信州まし野ワイン／長野県）

4 / 搾汁

細かく砕いたりんごのもろみを搾汁（さくじゅう）機（プレス機）にかけて搾り、りんご果汁を取り出す。油圧や手動で圧力をかける垂直型や遠心力を使った伝統的な方法もある。海外では麻袋にもろみを入れて搾汁することも。搾汁の方法のほか、圧力やタイミングでも、味や香りに違いが出る。

1.最も伝統的な方法の垂直にプレスする機械　2.ステンレス製の筒の中に入っている大きなゴム袋を空気圧によって膨張させ、もろみをプレスすることで果汁を取り出すメンブランタイプの搾汁機（以上、信州まし野ワイン／長野県）3.遠心力を使った搾汁機（松井りんご園／群馬県）

りんご果汁の状態をこまめにチェック

搾汁したりんご果汁は、まず糖度、比重、pH、総酸度、資化性窒素量（酵母の働きに必要になる窒素分）を測定。りんご果汁の状態を把握して、どの酵母を使い、どんな味に仕上げるのかを決める。また、発酵中にも分析を行い、次の段階に進むタイミングなどを確認する。できあがりの味やアルコール分をイメージし、日々変化する発酵の進み具合を見るために、欠かせない作業である。

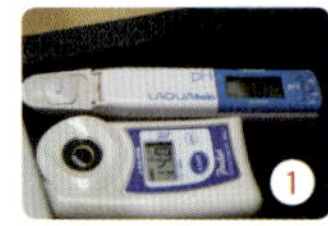

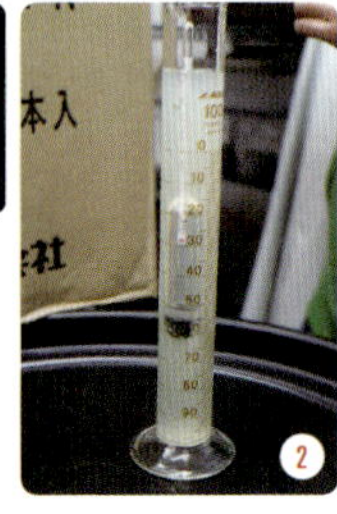

1.pH計と糖度計。果汁をひたして数値を計る　2.比重を測る器具（以上、東京ワイナリー／東京都）

5 / 発酵

搾ったりんご果汁はタンクの中へ。りんご果汁に含まれた天然の酵母でも自然に発酵するが、酵母を加え安定した発酵を促すことも。りんごの糖分が酵母に消化されることで、アルコール分と炭酸ガスが発生。酵母を加えて1〜2日後に発酵が始まり、2〜4週間で終了するが、より時間をかける国もある。

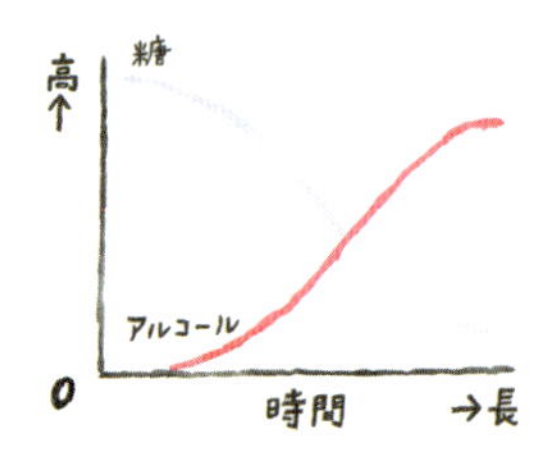

一般的には、りんごの糖度の約半分がアルコール分になる。また、発酵の期間が長いと、多くの糖分がアルコール分に変わっていくため辛口ができあがる

6 / 瓶詰め

発酵が終わったら瓶詰めをする。大規模な工場では機械化されているが、小規模なファームハウスタイプの醸造所では1本ずつ手作業で打栓を行うこともある。

1.瓶詰めの様子（東京ワイナリー／東京都） 2.1本ずつ打栓を行う器具。写真はワイヤーをかけているところ（カモシカシードル醸造所／長野県）

澱引きを行いクリアな果汁に

発酵が終わると澱が底に沈むため、クリアな上澄みだけを別の容器に移し変える「澱引き」を行う。澱引きの有無や回数は、生産者や商品によって異なる。澱引き後、必要に応じて濾過するものもあれば、澱引きも濾過も行わない「無濾過」のシードルも。また、搾汁したりんご果汁をしばらく置いて、先に澱引きしてから発酵させるものもある。

7 / 貯蔵・出荷

瓶詰めのあと出荷されるまでの期間は、生産者によって異なる。できたてが飲みごろのものもあれば、3〜6ヶ月ほど貯蔵して味を落ち着かせてから出荷するものも。

約15℃を保つ倉庫で定温貯蔵し、1年ほどかけて販売する（喜久水酒造／長野県）

1.一次発酵中のりんご酒の状態 2.最新式の強化ポリエチレンのタンク。軽く、樽のように呼吸をするという（以上、カモシカシードル醸造所／長野県） 3.この粒状のものが酵母。日本ではシャンパンやワイン、ビール用を使用することが多いが、海外にはシードル用酵母がある。培養酵母を加えず、自然酵母のみで発酵することも。

HOW TO MAKE CIDRE

シードルのキーポイント “発酵”にクローズアップ

発酵は、一般的には1回で終わらせる方法と2回行う方法があり、1回目を一次発酵、2回目を二次発酵と呼びます。二次発酵は、タンクや瓶などの容器や手順が異なることで、味わいや香りに個性が生まれます。

一次発酵

1回の場合は、搾汁したりんご果汁に酵母を加え、発酵途中に仕上がりの味を予想して瓶詰めするタイミングを決める。糖分がアルコールに変わる際に発生する炭酸ガスをそのまま瓶内に閉じ込めてしまう方法。

二次発酵

1回目の発酵は、大きなタンクを使用することが多いため、発酵中に発生した炭酸ガスが空気中に放出され、泡の少ないりんご酒ができあがる。このりんご酒にさまざまな方法で2回目の発酵をさせて、泡をつくりだしていく。このときに追加する糖分の量によって、炭酸ガスの量やアルコール分が変わる。

/ 二次発酵の方法 /

▶ 瓶内二次発酵

瓶内で2回目の発酵をさせる方法。瓶内に、りんご酒、糖分（ショ糖、ぶどう糖、果糖、濃縮ジュースなど）と必要に応じて酵母を入れる。シャンパーニュ方式またはトラディショナル方式と呼ばれる。ルミアージュ(逆さに傾けた瓶を少しずつ回しながら澱を首元に集める）とデゴルジュマン（首元に集まった澱を凍らせて取り除く）を行って澱を取り除くこともある。

【ルミアージュ】

【デゴルジュマン】

TOPIC_1

今後、日本で期待されるケグ内二次発酵

ペットボトル素材でつくられた使い捨ての容器であるKeyKeg®（キーケグ）を使った二次発酵が注目を集めている。密閉構造のため劣化しにくく、フレッシュなシードルが楽しめるというメリットもある。国内で生シードルが気軽に飲めるようになれば、シードルの新たな時代が開けそうだ。

信州まし野ワインでは、キーケグを使ったシードルを醸造中

TOPIC_2

フランス産シードルの味のカギはデフェカシオン

デフェカシオンとは、フランスの伝統的なシードルづくりの工程の一つで、自然な甘味を残したシードルをつくるために用いられる。りんごを絞った果汁に酵素と塩（塩化カルシウム）などを加えると、りんごに含まれていたペクチンが固まり、浮き上がってくる。これを取り除いたきれいな果汁で発酵させると、果汁内の栄養分が少ないため発酵がゆっくりと進み、最後まで発酵しきらずに、自然の甘味を生かしたシードルになる。

タンク内二次発酵

一次発酵後のりんご酒を密閉したタンクに入れ、再度発酵させること。二次発酵で出る澱の濾過や品質管理がしやすく、大量のシードルをつくることができる。シャルマ方式、密閉タンク方式とも呼ばれる。

トランスファー方式

あまり一般的ではないが、瓶内二次発酵によって泡が発生したシードルを加圧タンクに移し、一気に澱引きして、新たに瓶詰めする方法。ボトル一本一本を澱引きする手間を省いた、シャンパーニュ方式の簡略化といわれる。

カーボネーション方式

一次発酵後のりんご酒に炭酸ガスを充填する方法。タンクに入っているときに行われる場合と、瓶詰めしたあとに1本ずつ充填する場合がある。発酵を止めてから炭酸を足すことで、生産者が意図した味に保つことができる。

カーボネーションタンク（右）。1000ℓの容量があり、炭酸ガスをゆっくりと充填することができる（喜久水酒造／長野県）

シードルをつくるりんごを知る

日本のシードルにはなじみのある生食用りんごも使われていますが、海外にはシードル専用の品種が主流の国も。シードル用品種の特長やどんなふうにりんごが選ばれているのかなどを頭に入れておくと、味わいの理解にも役立つでしょう。

シードル用品種は、色もさまざまで日本でなじみのあるりんごより小さいものもある。苦味や酸味もかなり強い

世界のりんごの収穫量

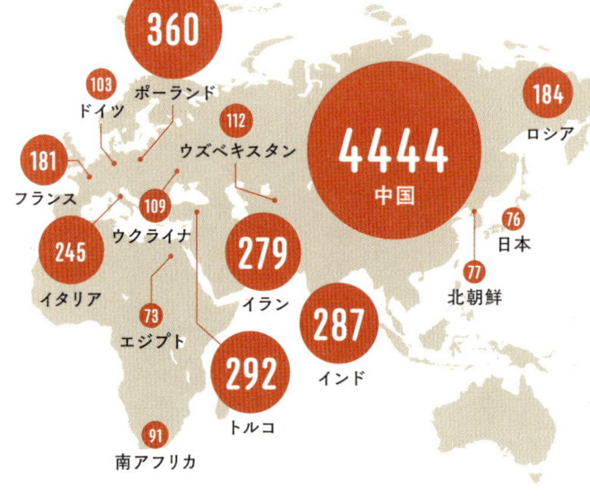

※2016年のデータ。全世界で8932万トンにおよぶ（単位：万t　出典：FAOSTAT）

りんごは世界中に2万種類以上あり、シードル用、生食用、調理用、兼用の4つの品種に分かれます。そのうち、海外のシードルに使われているのは、シードル用品種がメイン。主にヨーロッパ原種で数百種類あるといわれ、同じ品種でも産地ごとに味が変わります。

シードルは、単一品種でつくられることもありますが、多くはできあがりの味をイメージして数種類をブレンドします。なかでも欠かせないのが、ビター・スイートとビター・シャープのりんご。この品種のりんごの渋味と甘味によって味わいに深みが増し、酸が味を引き締めてくれるのです。また、日本産のシードルなど、調理用や生食用が使われることもあります。りんごの品質はもちろんですが、ブレンドの技術が味わいを左右する重要なポイントです。

りんごの分類

甘味のほか、渋味と酸味の度合いの違いにより、3要素を組み合わせて4つに分類されます。

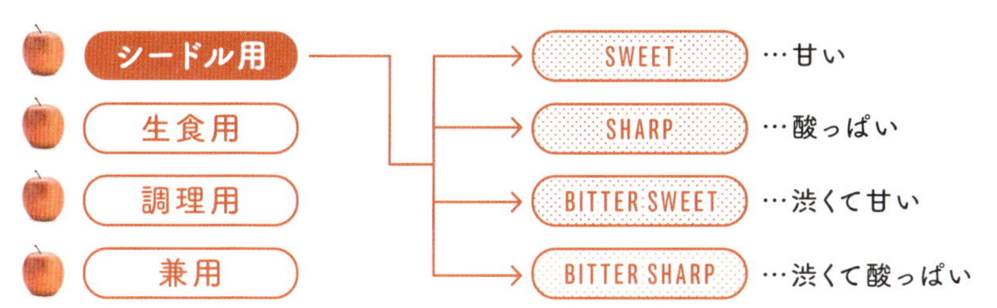

知っておきたい品種

複数の品種をブレンドすることが多いですが、酸味や甘味など異なる要素をもったりんごは、単一品種でシードルがつくられることもあります。シードルづくりによく使われる品種をチェックしておきましょう。

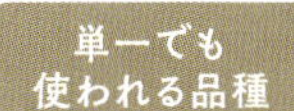

単一でも使われる品種

ブラムリー

調理用品種。香りがよく、酸味が強い

ダビネット

甘味、酸味、渋味のバランスがいい

ヤーリントンミル

ほのかな甘味と渋味、酸味で人気の単一品種

香りを活かす品種

王林

甘さが強く、酸味が少ない。香りが豊か

ジョナゴールド

ジューシーで甘味、酸味のバランスがいい

ゴールデン・デリシャス

歴史ある黄色品種。洋なしを思わせる香り

酸味を活かす品種

紅玉

酸味のある甘味とさわやかな香りが特長

グラニー・スミス

欧米の主要品種。酸味の効いた青りんご

ピンクレディ®

酸味が強く甘酸っぱい。生食用としても流通

甘味を活かす品種

ふじ

日本生まれ。甘味と酸味のバランスがいい

つがる

果肉は白く、さっぱりとした甘さが特長

シナノスイート

ジューシーでしっかりとした甘さがある

シードルがつくられる場所

シードルの多くは、シードルリーまたはサイダリーと呼ばれる専門の醸造所でつくられています。国によって多少違いはありますが、区別が明確なフランスを基本に考えるとわかりやすいでしょう。

もともとシードルは、農家が自分で育てたりんごを使ってつくっていたのが始まり。フランスでは、自家栽培・自家醸造の生産者を「フェルミエ」と呼び、農家からりんごを買って醸造する「アルティザナル」、工場で大規模生産を行う「アンデュストリエル」を合わせた3つに分類されます。現在はアンデュストリエルが生産量の85％を占めますが、個性豊かなシードルを生み出しているのは、約400ヵ所あるフェルミエです。世界的にも小規模な醸造所のシードルが人気ですが、フランスのアンデュストリエルのような大量生産のコマーシャル・ブランドが多くを占めています。

最近ではブルワリーやワイナリーのほか、日本では蔵元でシードルがつくられています。

基本はこの3つ

アンデュストリエル
Industriel

年間100～200万ℓほどのシードルを生産するような、大規模な工場。りんごの自社農園や契約農家をもっているところも多い。

アルティザナル
Artisanal

自社農園を所有せず、農家からりんごを購入し、自家醸造。中規模な工場があり、商品を購入できるショップが併設されていることもある。

フェルミエ
Fermier

農家が自社の農園をもち、自家栽培のりんごを使い、シードルの製造・販売まで行う。規模の大きい醸造所は、「シャトー」や「マノワール」「ドメーヌ」と冠することも。

CIDRE STORY

ペリー＆ポワレは洋なしのお酒です

シードルを飲んでいると、あちこちで出合う「洋なし」。
洋なしもシードル？　つくり方には違いがあるの？　など、気になることを
ピックアップしてご案内します。

本書で紹介しているフランスの「ラシャス ポワレフレッシュ」(→P75)。澄んだレモンイエローの色合いも魅力

つくり方はシードルと同じ

シードルはりんご、ペリーは洋なしの果汁を発酵させた醸造酒です。多くが、シャンパーニュ製法の瓶内二次発酵でつくられています。また、シードルの材料の一部に、苦味の要素として洋なしが使われることもあります。

ペリー用の洋なしがある

りんごと同じように、食用の洋なしとは別にペリー・ポワレ用の洋なしもあります。タンニンが多く、酸味も強い品種で、Blakeney Red（ブレイクニー・レッド）などが有名です。日本では、食用の洋なしも使われます。

呼び方いろいろ

フランスでは、洋なしの果汁だけでつくったものは、「ポワレ／Le Poiré」と呼ぶことが認められています。イギリスでは、「ペリー／Perry」または「ペアサイダー／Pear cider」と呼ばれます。ビールと同じように、パブで楽しめるポピュラーなお酒です。

さわやかな上品さが特長

さわやかな風味とフルーティな味わい。きめ細かな泡立ちも魅力で、まるでシャンパンのように感じることも。シードルのラインナップに洋なしでつくったお酒が並ぶことも多いので、味わいの違いを比べてみるのも楽しいでしょう。

HISTORY OF
CIDRE & APPLE

りんご栽培の広まりとシードルの歴史

**はじめてシードルをつくったのは、誰なのでしょうか。
シードルの発祥に関しては文献が少なく、
明確な事実というより、推定によるものが多いのが現状です。
りんご栽培の広まりから振り返りつつ、近年にいたるまでの
シードルづくりの流れを追ってみましょう。**

りんご栽培とシードルづくりの始まり

りんごは世界でも最も古い果実の一つともいわれ、りんごの実るリンゴ属の木は1200万年前に中国で誕生したとされています。現在あるすべてのりんごは中央アジア・カザフスタンの野生りんごが起源といわれています。1万年以上前からりんごは人の食料として、または動物に食され種として、世界各地へと運ばれました。

すでに4000年前の中国や3000年前の古代バビロニアでは接ぎ木の技術があったとされ、りんごはその品種を保ちながら、あるいは変種を生みながら、世界を旅していきました。

1世紀頃のローマ時代には、博物誌家のプリニウスがリンゴ属を意味する「マルス（Malus）」の名でりんごだけでなく、桃やなつめ、ざくろなども記しており、当時の果物の総称とされていたことが伺えます。

シードルの語源は、旧約聖書にある果実酒を意味するヘブライ語「シェカール（shekar）」とされ、そこからギリシャ語の「シケラ（sikera）」へと派生。シケラは、「酔いをもたらす飲料」を意味します。

現在わかっているシードルづくりの最古の記録は、ローマ人によります。紀元前55年、ユリウス・カエサルがグレートブリテン島に進攻した際に、ケルト民族が小粒の野生りんごの果汁を発酵させているのを発見しま

世界のシードル年表

紀元前55年	グレートブリテン島でケルト民族がりんご果汁で発酵酒をつくっていたことをローマ人が発見
4世紀	ローマ人が西洋なしでペリー（洋なし酒）をつくり始める ローマで、りんご酒を意味するラテン語「シセラ」という単語が使われる
9世紀	フランク王国にて、カール大帝の推奨により、交易のためのシードルづくりが進められる
11世紀	フランス・ノルマンディでりんご栽培とシードルの生産が確立
11世紀中頃	イギリス西部でりんご栽培が盛んに行われるようになり、シードル生産も活気づく
13世紀	ヨーロッパでりんごの圧搾技術が進歩する
16世紀	イギリスのりんご栽培技術が向上。本格的にシードルがつくられ、消費が高まる イギリスからロシア、ドイツなどヨーロッパ各地にもシードルづくりが広がっていく
17世紀	イギリスの農業経営事情や製造方法の利便性からシードルづくりと果樹栽培が定着していく
18世紀中頃	イギリスの産業革命の影響で、シードルの人気が下がり始める
18世紀末頃	アメリカでりんご栽培とシードルづくりが定着し始める
19世紀後期	フランスでぶどうの害虫被害でワイン生産が壊滅状態に追い込まれ、りんご果樹園が増える アメリカの禁酒運動により、シードルの生産量が激減 青森県で西洋りんごが初めて実をつけ、日本で食用りんごの栽培が始まる
20世紀	アメリカで「ハードサイダー」という呼び方が誕生する
20世紀中頃	第一次・第二次世界大戦を経て、アメリカでりんごの木が減少し、需要も減る。 フランスでもシードルとカルヴァドスの生産が落ち込む 日本で朝日シードルによってシードルの醸造と販売が始まる
20世紀後期	フランス人移民クリスチャン・バルトムフの手により、カナダで初めてのアイスシードルがつくられる

りんご酒やワインづくりの発展や品質の向上に尽力したカール大帝。残念ながら、当時はシードルが広く浸透することはなかったが、その後11〜12世紀頃からヨーロッパでシードルづくりが盛んになる。

した。彼らの記録によると、当時、ヨーロッパの多くの民族がシードルによく似た飲み物をつくっていたようです。

9世紀には、フランク王国の国王であり神聖ローマ帝国の皇帝・カール大帝が、交易のためにシードルなどの果実酒づくりに力を入れました。国有地にりんごや西洋なしなどの果実を植えるべしとする布告を出した大帝は、栽培するりんごの品種も細かく指定し、さらにはりんご酒や洋なし酒の醸造技術者を呼び寄せ、シードルとスペインからブルターニュ地方に伝わったシドラの製法に関する記述を残すほどの力の入れようでした。

シードルを支えたワインとの関係

りんご酒づくりが盛んになるその影に、ぶどうの存在があることは見逃せません。もともとワインはお酒としてだけでなく、飲用に向かない生水の代わりとしても飲まれていました。その下地があったため、シードルも飲用水の代わりに広まった側面があります。

また、りんごとぶどうは、適した産地が異なります。イギリス南西部、スペイン北部と並ぶシードルの主要生産地であるフランス北西部のブルターニュとノルマンディは、雨が多く冷涼な気候。地中海沿岸に比べ、ぶどうの栽培に適さない環境だったため、りんご栽培が盛んになりました。現代では、フランスのシードル産地はこれらの地方の周辺に限定されていますが、その状況は11〜12世紀頃にはすでに確立されていたと考えられます。

また、りんごがぶどうに取って代わった歴史として忘れてはならないのが、1860年代から広がり始めたぶどうの害虫・フィロキセラの大発生による被害です。ぶどうの壊滅に頭を悩ませた醸造家は、ぶどうの代わりに比較的害虫に強いりんごの台木を植え、ブルターニュとノルマンディでのりんご栽培がさらに加速しました。シードルの需要が一気に高まり、1870年から1900年までの30年間でりんご園は3・5倍も増加したのでした。

社会情勢に見るシードルの動き

シードルと経済や社会の動きとの関わりも興味深いものです。1337年に始まったイギリスとフランスの百年戦争で、ブルターニュとノルマンディのりんご果樹園は荒廃。けれど、すでに13世紀にはスペイン・バスク地方、フランス・ブルターニュ地方とイギリスの交易が盛んになっており、りんごの穂木とその栽培技術を伝える人々がスペインからノルマンディに移住し始めていました。そのおかげで、15世紀にはブルターニュやノルマンディのりんご栽培も復活を見せ、18世紀の終わり頃には200種ものりんご品種の記録が残されています。

イギリスでは15〜16世紀頃にビール人気に押されてシードルの消費が低迷するものの、りんごを重んじるプロテスタンティズムによりシードル人気が復活。

Photo by the Folger Shakespeare Library

ジョン・ワーリッジ著「Vinetum Britannicum」第2版（1678年／イギリス）より

農業家の手による、イギリスで栽培された果実を使ったお酒や飲み物に関する本。果樹の栽培とシードルを中心としたさまざまな果実酒の製法が詳述され、現在も電子版が出版されている。

りんごは手入れが楽で寿命が長いこと、またシードルはつくる際に加熱の必要がないため燃料の木材が不足していても生産できることもメリットでした。17世紀頃には果樹栽培と果実酒の製法が確立され、この頃に出版されたシードルづくりのマニュアルがその後にも大きな影響を及ぼしています。

しかし、産業革命が起こると事態は急変。田園地方でシードルをつくっていた人々が都市へと流出し、品質が低下。需要は高いままだったため、まがいもののシードルがつくられ、当時出回り始めたビールのほうがはるかに安全な飲み物と見なされるようになったのです。

一方、りんごの栽培は新大陸にも広まり、建国間もないアメリカでは、シードルは人々の暮らしに欠かせないものになっていました。設備が簡易でコストがかからないため、小さな果樹園でも効率よく製造でき、健康によいという評判も手伝って、シードルは国民的飲料になったのです。

しかし工業化が進むと、イギリス同様にシードル生産にかげりが出ます。シードルのつくり手は都市へと流出。粗悪品やラム酒などを混ぜたアルコール度数の高いシードルがつくられ評判を落としていきます。

そこに19世紀の禁酒運動が拍車をかけます。蒸留酒を対象としていた禁酒運動はビール、さらにはシードルにも及び、原料となるりんごの木が伐採されてしまいます。りんごの木は育つのに10年はかかるため、その後もシードル離れが進み、生産量は激減したのでした。

A.D.フィルモア作
「Tree of intemperance」
(1855年／アメリカ)

禁酒のメリットを表す「禁酒の木」と対になる版画で、タイトルは「大酒の木」の意。根は蒸留酒やワイン、ビールでできており、その幹は「堕落」「犯罪」「無知」などに分かれ、さらに枝葉を広げる。巻き付く大蛇はりんごを咥え、頭にはビアジョッキをのせている。

近年、湧き立つ〝シードル・ルネサンス〟

近年、アメリカやヨーロッパをはじめ、世界各地でシードルの需要が高まっています。世界最大の生産量を誇るイギリスでは、その年間消費量は1960年代の約4倍にのぼります。

生産者がさまざまなりんごや酵母を取り入れて新たなシードルづくりに挑戦したり、反対に、新しい生産者が伝統のつくり方に回帰したり。日本でも、農産物の活路を見出す新しいつくり手が増加中です。クラフトビールとの親和性の高さもあるため、シードルづくりは多彩に開花しています。紀元前から歴史を重ねるシードルの未来は、明るいに違いありません。

CIDRE STORY

絵画に登場するりんごたち

りんごは多くの絵画の中で描かれてきました。
りんごが表すものは 愛や知恵などさまざまです。その一部をご紹介します。

“旧約聖書に描かれる堕落と原罪”

ティツィアーノ・ヴェチェッリオ
「アダムとエバ」
1550年頃　プラド美術館／スペイン

旧約聖書の「創世紀」のエバがヘビにそそのかされ、禁断の果実を受け取る場面が描かれています。禁断の果実を食べたことで、2人はエデンの園から追放されます。禁断の果実が何であるかは諸説ありますが、この話からりんごは堕落や原罪の象徴とされるようになりました。

“イエス・キリストの救済”

Photo by Getty Images

ハンス・メムリンク
「聖母子」
1487年　メムリンク美術館／ベルギー

聖母マリアが幼子のイエス・キリストにりんごを差し出しています。アダムとエバの話により、りんごは原罪を意味し、それを引き受けようするイエス・キリストが救世主としての使命を受け入れたことを表します。つまり、この絵ではりんごは「救済」のシンボルとして描かれているのです。

“ギリシャ神話に登場する災いの元”

ピーテル・パウル・ルーベンス
「パリスの審判」
1632〜1635年
ロンドン・ナショナル・ギャラリー／イギリス

ギリシャ神話の一つ。「最も美しい女神へ」と書かれた黄金のりんごを巡り、名乗りを上げたヘラ（右）、アフロディテ（中）、アテナ（左）の3人の女神。トロイアの王子・パリスがその審判を任され、黄金のりんごを手にもっています。最終的にパリスがアフロディテを選んだことがトロイア戦争の発端となったため、りんごは災いの元という意味をもつようになりました。

Part 2

シードルを楽しむ

HOW TO TASTE CIDRE

テイスティングで楽しみ方をマスターする

1回テイスティングしてみただけで味わいを理解することは難しい。だからこそ、見た目や香り、味わいなどから、どうしたらこの味になるのだろうと想像を膨らませることがテイスティングの醍醐味です。

テイスティングの基本

1 ラベルのチェック

ラベルの記載方法は国によっても異なります。参考になる情報を探したり、ラベルのデザインや記載事項に託された思いや味わいを想像しましょう。

↓

2 見た目をじっくり観察

濁りの有無、色合い、色の濃淡や輝き、泡立ちなどを確認。グラスに汚れや傷があると、泡立ちが強くなるので要注意。

↓

3 香りを探る

グラスを鼻に近づけたり、離したりして香りを確認。手でグラスを包んで温めると香りを感じやすいといわれています。

↓

4 味わいを感じる

ひと口含んで、口全体に広がる味わいを感じてみましょう。甘味、酸味、渋味のほか、全体のバランスやイメージも確認。

楽しみながら
シードルのおいしさを
探りましょう!

1／ラベルのチェック

シードルのラベルの記載事項は、生産者、原材料、容量、アルコール分、収穫年や製造年のほか、海外の場合は原産国や輸入元、日本の場合は製造者が加わります。りんごの品種は、とくに海外では明記していないことが多いです。最低限の情報として、まず味のタイプをチェックし、その他にも役立つことがないか探してみましょう。

ココもCHECK

Cidre bouché（シードル・ブーシュ）

コルク栓を使っているシードル。ラベルに表記されたものは、手間とコストがかかるコルク栓にこだわり、伝統的な製法でつくられている高級品の印でもある。

生産者のタイプ

Artisanal（農家からりんごを購入・自家醸造）、Fermier（自家栽培・自家醸造）など生産者のタイプ（→P.26）が名前になっていることも。

ロットナンバー

りんごの収穫量により生産本数が毎年違うものや少量生産のものは、限定醸造として数字が印字されている場合もある。

Organic、Biologiqueなど

有機農法や無農薬の畑で育てられたりんごを使用している場合などに記載。国の認定マークもある。

AOC

フランスの原産地呼称統制の略称。ペイ・ドージュ地区のシードル（Cidre Pays d'Auge）など、地質や気候、歴史的特徴をもつ特定地域において、定められた方法で製造された製品に付けられる。厳しい条件をクリアしているという証。

［シードルの味のタイプ］

主に辛口、甘口、その中間の中辛口など3タイプの味があります。国によって言葉が異なるので、それぞれの意味を知っておくといいでしょう。

日本語	辛口／中辛口／甘口
英語	dry／medium dry／medium sweet／sweet
フランス語	brut（辛い）／demi-sec（甘い）／doux（とくに甘い）
スペイン語	seca（辛い）／dulce（甘い）

2／見た目をじっくり観察

色は、まさにりんご果汁のような黄金色から、レモンイエロー、琥珀色、オレンジがかった色などのほか、透明に近いクリアなものもあります。泡は多い少ないといった量だけでなく、きめ細かさや持続力などにも注目を。

［発泡の違い］

瓶内発酵の期間が長いと泡立ちが多く、長く続き、カーボネーション（→P23）が行われていると、泡切れが早くなる傾向があります。とくに、シャンパーニュ製法（→P22）でつくられたシードルは、きめ細かな泡立ちが長く続くのが特徴です。その他、糖度の高さや繊維質の多さなども泡立ちに影響します。

［色の違い］

赤みのある色はタンニンに由来しているものが多いので、色から渋味を予想できます。熟成に使われた樽の状態が色に影響していることも。透明度は、澱引きや濾過の方法で違いが出ます。濁りがあるものは、酵母由来の香ばしい味が期待できます。日本産はりんごをフレッシュな状態で搾汁し、発酵させるため、色が淡いものが多いです。

3／香りを探る

りんご以外にもさまざまな香りが感じられます。一方で、りんごの香りがまったく感じられないものも。まずは、香りの強弱を確認しながら、その香りが何に当てはまるのかをイメージします。グラスを2〜3回まわして液体を空気にふれさせるスワリングを行い、奥にある香りも引き出してみましょう。

りんご系

フレッシュな若々しいりんご、
りんごの貯蔵庫、加熱したりんご、
コンポート、ジャムなど

花・ハーブ系

白い花、花畑、若葉、ミント、
牧草、干し草、雨上がりの草原、
落ち葉など

その他のフルーツ系

グレープフルーツ、ライチ、
レモン、パッションフルーツ、パイナップル、
プルーン、桃、洋なし、かりんなど

土系

バーンヤード（裏庭）、湿った森、
スモーキーさ、ほこり、倉庫など

その他

カラメル、ハチミツ、水で濡れた革、
アンモニア、猫の尿、
エステル香（セメダイン、ケミカル臭など）、
還元臭（発酵臭など）、
スパイスなど

想像以上に幅広い香りがあります

りんごの香りは、若々しいフレッシュなものから加熱されたりんごの濃厚な香りまでさまざま。また、りんご以外のフルーツも多く感じられ、香りの幅を広げてくれます。フランス産は独特の土っぽさやりんごの貯蔵庫、日本産は、エステル香やグレープフルーツの皮をイメージさせる苦味、ビオは湿ったわらを思わせるような独特なワイルドさ、香りの奥のほうにスパイスを感じるものも。それぞれの香りから、国や製造方法、りんご品種、熟成期間などに注目するのもおもしろいでしょう。

4／味わいを感じる

シードルの味は、同じ銘柄でも甘口、中辛口、辛口などに分類されます。味の要素は、主に甘味、酸味、渋味の3つの軸で評価され、そこに苦味が加わることも。最後に、味の強さをフル、ミディアム、ライトなどで判断します。甘い香りだったのに、甘さを感じないものもあり、見た目や香りとのギャップもおもしろいところです。

［味わいの基本チャート］

同じチャートでも違いはありますが、基本を知っておくと役立つでしょう。本書のシードルカタログの各シードルのチャートも参考にしてください。

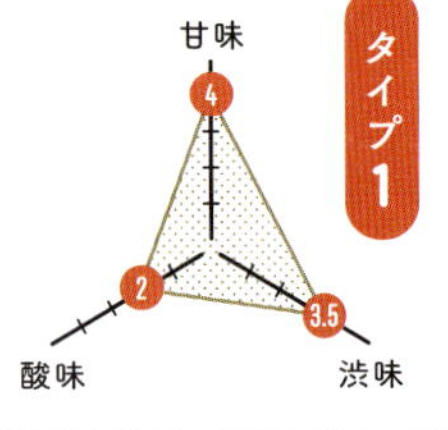

甘味があるが、渋味も強く、酸味はあまりない。デフェカシオンが行われているフランスのシードルに多い。

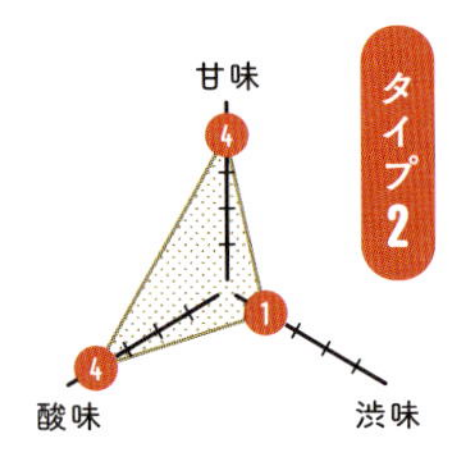

甘味と酸味が強く、渋味が控えめ。甘酸っぱい味わいのほか、酸味が甘味を切ってくれるため、甘さが残らず飲みやすい。

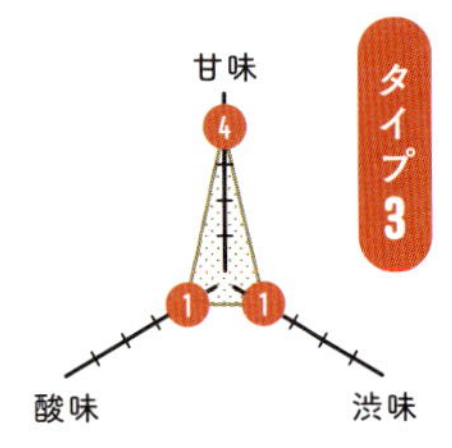

渋味と酸味が控えめで、ピュアなりんご感が際立っている。日本の甘口やドイツの甘口などに多い。

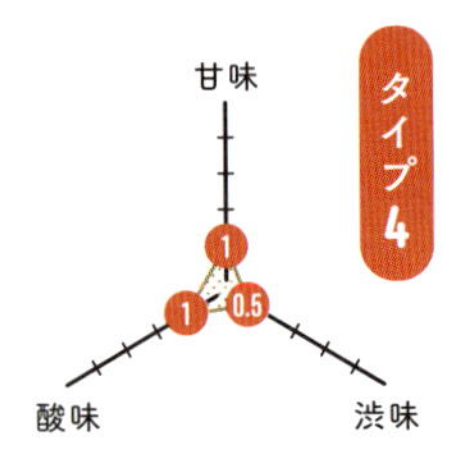

3つが低いポイントでバランスが取れているが、渋味は控えめ。日本の辛口のほか、ビール感覚のタイプなど。飲み口はすっきり。

タイプ5

甘味 0.5　酸味 4　渋味 1

渋味はあまり感じず、シャープな酸味が突出。スペインのシドラやイギリスのサイダーの一部で見られる。食事との相性が◎。

ココもCHECK

りんご品種

単一品種でつくられたものや品種が明記されたものは、そのりんごの味のタイプ（→P25）を意識してみるのもいいでしょう。

発酵の方法

発酵期間が長いと、りんご酸が乳酸に変わり、乳酸発酵が始まってヨーグルトのような風味が感じられます。さらに発酵が進むと、酢酸菌由来のスペインのシドラに見られるような酸味が出てきます。

泡立ち

見た目の泡立ちと口に含んだときの泡立ちがまったく違うことがあります。最初にふわふわの泡が立っていてもすぐに泡が落ち着いたり、思っていた以上に発泡が強いことも。シャンパーニュ製法の泡立ちは、味わってみても心地よく、穏やかです。

HOW TO TASTE CIDRE

シードルのプラスαな楽しみ方

シードルを楽しむ方法の一つに、本書でも紹介している
料理との組み合わせがありますが、
ほかにも、ちょっとしたことで味わいや香りなどが変化して、
新しい発見があることも。ぜひお試しを。

香りにクセがあるときは

ワインと同じように還元臭を感じることがあります。発酵中に生じる硫化水素や亜硫酸塩によるもので硫黄のような香りです。シードルを別の容器に入れ替えるデキャンティングを行うと、空気にふれることで還元臭が飛んでいきます。スワリングも同じような効果があります。

時間ごとに変化する味も楽しんで

冷たい状態では感じられない香りもあります。時間をかけて変化する味わいや香りなどをじっくり楽しむのもおすすめです。

酸味をやわらげる

スペイン産のシドラなどは、高い位置から勢いよく細く注ぐエスカンシアールを行い、空気を含ませて酸味をやわらげます。ただし、エスカンシアールは難しい注ぎ方です。家で楽しむ際は、開栓前にボトルを逆さにし、沈殿している澱を溶け込ませるだけでも少しは効果があります。

グラスを使い分ける

ボルドー用や白ワイン用のワイングラスなどでも楽しめますが、味わい深いフルボディタイプはボウルの大きなブルゴーニュ用で飲むとより香りが際立ちます。グラスをまわしながら、ゆっくりと味わうのがおすすめ。
シャンパーニュ製法のシードルは、美しい泡立ちを楽しめるシャンパングラスやフルートグラスを。ビール感覚で楽しめるイギリスやアメリカなどのサイダーは、本場と同じようにタンブラーでグビグビ飲むと、爽快感がアップします。ガレットなどスイーツと合わせるときは、フランスで使われているボレというシードルカップも。グラスを使い分けると、味わいも変化し、楽しみも広がります。

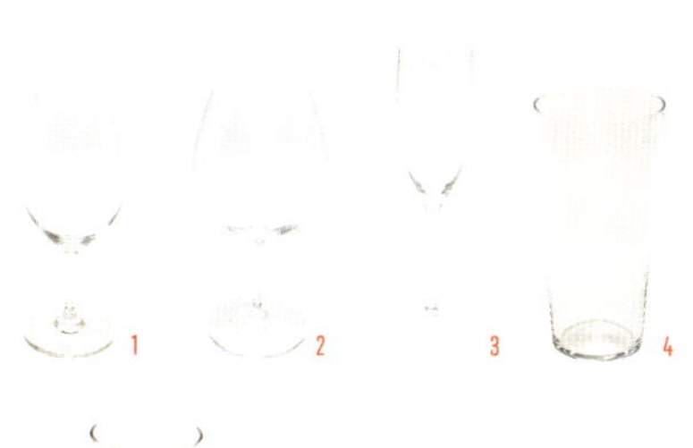

1.ボルドー用　2.ブルゴーニュ用　3.フルートグラス　4.ビールのように飲めるタンブラー　5.サイダリーオリジナル　6.スペイン産におすすめのタンブラー　7.フランスのシードルカップ

もっとおいしく飲むためのシードルQ&A

シードルについて、まだまだ気になることはいっぱい。素朴な疑問から、より詳しく知りたいことなどについてお答えします！

Q/1

おいしく飲むには何度ぐらいがベスト？

A 生産者やシードルのタイプによって異なりますが、6〜7度で飲むのがおすすめ。香りが広がるのは10度近くなので、冷蔵室よりやや高めの5〜8度の設定になっている野菜室に2〜3時間ほど立てて置いておくと、飲む頃にはちょうどいい温度になります。

Q/2

シードルを選ぶポイントを教えて！

A まずは、ラベルに表示されている甘口・辛口を確認。一般的に、辛口でもコクがあるものがいいならフランス産、さっぱりとした味わいがいいなら日本産がおすすめ。多くの人が集まる場に持参するときは飲みやすい低アルコールのものを選ぶなど、アルコール度数もチェックしましょう。しゃれたラベルも多いので、ジャケ買いも楽しいですね。

Q/3

氷は入れてもいいの？

A スペインのマエロックなど、酸の強いシードルは、氷を入れると酸がやわらいで飲みやすくなります。とくに暑い夏はよりすきっと爽快に楽しめます。

底のほうに沈んでいて、うっすらと見える白いものが澱

Q/4

底に沈んでいる白いものは何？

A 底にたまっているのは澱です。澱はりんごの成分と酵母のかたまりなので、飲んでも問題ありません。生産者によって扱い方が異なるので、ボトルの説明も確認を。澱がない部分を飲めばクリアな味が楽しめますし、澱が混ざると酵母の香ばしさや果実味、ボディがアップする場合もあります。混ぜすぎると吹き出す場合もあるので要注意。

Q/5

ホットワインのように、温めてもおいしいシードルはある？

A 温かいシードルカクテルもありますし、温めたシードルにシナモンやハチミツ、レモンスライス、クローブなどを加えても、おいしくなります。海外の甘味のある、飴色のようなシードルが向いています。日本産は温めると酸味が強くなってしまうので、シロップを多めに加えてください。開栓して時間が経って泡が減ったシードルをホットシードルにするのもおすすめです。

Q/6

ワインや日本酒のように新酒の時期はあるの？

A 日本では、りんごのシーズンの初めの9～10月に収穫されて、1月ごろに発売される「シードル・ヌーヴォー」もあります。しかし、フランスでは瓶内二次発酵で6週間は寝かせるという決まりがあったり、泡が落ち着いてからのほうがおいしいという声も。出荷の時期が規定されていないのですが、春先に出てきたものが新酒的な存在といえるでしょう。

圧力をかけてしっかりと栓ができるシャンパン用のストッパー（左）、王冠が付いたボトルには、栓抜きにもなる便利なストッパー（下）もある

デュポン2014年もの

Q/7

開栓したシードルはどれぐらいもつ?

A 泡があるので早めに飲むことをおすすめしますが、ストッパーを使うとカーボネーションの場合は1〜2日、ボトル内の残量やシードルの個性にもよりますが、自然発酵のものは5〜7日ほど長持ちします。また、泡が落ち着いたあとに楽しめる味わいも隠れています。炭酸は苦味を感じる要素でもあるので、泡のない状態もぜひ味わっていただきたいです。

Q/8

生シードルって何?

A 加熱処理をしてないシードルのことです。火入れという殺菌処理を行っていないということなので、フランスの場合はほとんどが生。非加熱処理のシードルが樽やタンクに詰められて日本に入ってくることもあり、生シードルをタップで楽しめるお店もあります。非加熱処理のシードルを樽詰めする日本産シードルも増えてきています。

Q/9

ワインのようなヴィンテージはあるの?

A 例外もありますが、収穫年の違うりんごを混ぜてつくってはいけないとされていることもあり、製造した年が書いてあることが多いです。その年々によってりんごのできが違うので、シードルの風味も変わります。ヴィンテージの違うものを見かけたときは、飲みくらべてみるのも楽しいでしょう。

Q / 10

開栓するときに気を付けることはある?

A 温度が上がると、シードルに溶け込んでいた炭酸ガスが出てくるため、開栓する際にシードルが吹き出しやすくなります。とくに注意したいのは、澱が底に沈んでいるシードル。冷蔵庫で1〜2日、瓶を立てた状態でしっかりと冷やしてから、少しずつ様子をみながら開けましょう。

Q / 11

ワインのようにテロワールも影響するの?

A 同じ品種のりんごを使っていても、土地が違えば味も違います。フランスでは、有機栽培りんごの認定マークが付いていたり、シレックスという石灰質の畑にこだわった生産者も。また、斜面のほうが水はけがよく、りんごの木が必要な水分だけを吸収するので身がしまるという説もあります。

Q / 12

購入したあとも、熟成させるとおいしくなる?

A 瓶内二次発酵のものは熟成もできます。澱が底に沈んだ状態で保管したほうがいいので、冷蔵庫の野菜室に立てて保存するのがおすすめ。時間をおいて、変化した味を楽しむのもいいですね。ただ、無添加のものは発酵が進みすぎてしまう場合もあります。また、賞味期限があるものは、その期間内に飲みましょう。

Q / 13

シードルは王冠も多いのはなぜ?

A コルク栓を使ったbouché (ブーシュ) と書かれた商品があるようにコルク栓は高級とされているので、手間とコストの削減もあるかもしれません。王冠はかわいいデザインも多いので、集めてみるのも楽しいですね。

CIDRE IN JAPAN

◉ Made in Nippon

知れば知るほどおもしろい
日本シードルの魅力とは？

日本人にとっては親しみ深いりんごが日本にやって来たのは、
今から約150年前。試行錯誤を経て、りんごからシードルへと姿を変え、
世界的にも注目を集めている日本のシードルの
気になるトピックスやキーワードをクローズアップします。

醸造所は国内に70ヶ所以上！

◉近年、日本の主要なりんご産地である青森県、長野県、北海道を中心に、全国各地でシードルをつくる醸造所が増えています。現在、国内でシードルを手がけている醸造所は、70ヶ所以上あるといわれています。そのうち10ヶ所以上が、2014年以降に新たに設立された醸造所です。

各地で品種や製法に工夫を凝らした新作が続々とリリースされていて、2018年2月現在では、100種類以上の日本産のシードルを楽しむことができます。

シードルブーム がやってきた!?

明治初期、日本にりんごが上陸。甘くてジューシーなりんごは、当時の日本人にとっては、鮮烈な印象を受ける果物でした。昭和初期、戦後、1990年代とシードルは盛り上がりをみせますが、ビール、日本酒、ワインなど、そのほかのお酒の圧倒的な人気もあり、シードルが広く普及することはありませんでした。

しかし、2006年頃から、ビールに代わるアルコール飲料としてシードルの注目度が急上昇。とくに、食事にも合うドライでキレのある味わいが人気だったことに注目したキリンビールが、2013年に「キリン ハードシードル」を発売。若者の低アルコール志向や泡ものブームの影響もあり、一気にシードルが表舞台へと踊り出ることに。

さらに近年、国産を含め、世界各地のさまざまな種類が手に入るようになり、シードル人気はじわじわと拡散中。日本のシードル文化はまだ始まったばかりですが、着実に根付きつつあります。

日本シードル年表

明治初期	日本政府がアメリカからりんごの苗木を輸入。北海道や青森県などで西洋りんごの栽培が始まり、明治10年に青森県で初めて実をつける
明治34年（1901）	りんご酒の醸造・販売が開始
昭和3年（1928）	りんごの品種育成が始まり、新しい品種が誕生
昭和10年（1935）	大日本果汁がアップルジュースを販売 壽屋（現サントリー）がリンゴ酒シャンパン「ポンパン」を発売 ❶
昭和20年（1945）	戦後、希望の象徴として「りんごの歌」が大流行
昭和29年（1954）	吉井酒造の吉井勇が朝日麦酒（現アサヒビール）と連携し朝日シードルを設立
昭和31年（1956）	朝日シードルが「アサヒシードル」を発売
昭和35年（1960）	朝日シードルの事業を受け継いだ竹鶴政孝がシードルをつくるためのニッカ弘前工場をオープン
昭和38年（1963）	バナナの輸入自由化により、りんごの売り上げが落ち込む
昭和47年（1972）	ニッカ弘前工場でつくられた「ニッカ シードル」発売
昭和60年（1985）	ニッカが非加熱のシードルを北海道・青森県限定で発売。3年後に全国発売開始
昭和63年（1988）	サントリーが「サントリーシードル」を発売。当時、大人気だった田原俊彦をCMに起用して話題に
平成25年（2013）	キリンビールが「キリン ハードシードル」発売。3年後に市販も開始
平成26年（2014）	シードルブームに火が付き始める

❶

Made in Nippon

生食用品種のりんごを使っている

日本のりんごは、そのまま食べてもおいしい生食用品種がメイン。ジューシーで味わいが濃く、蜜がたっぷり入っているものが多いです。

もともと日本のりんごはアメリカから持ち込まれたものですが、アメリカでもシードルづくりに多く使われているのは生食用品種。日本やアメリカのように、生食用品種を使っている国は、シードル界の「ニューワールド」と呼ばれています。日本の食用品種は酸が弱いため殺菌作用がなく、フランス特有のデフェカシオン（→P23）には向きません。けれど、そのおかげで果実のよさが生かされ、日本のシードルには、搾りたての果汁のようなフレッシュなおいしさが感じられるのです。

ブルワリー＆酒蔵の挑戦

日本では、日本酒、ビール、果実酒、リキュールなどお酒の種類、焼酎は麦やさつまいもなどの原材料によって異なる酒造免許が必要です。そのため、専門以外のお酒をつくるのはハードルが高いのですが、ビールをつくるブルワリーのシードルも少しずつ増えてきました。ビール酵母やホップを使うなど、軽やかな味わいが魅力です。ビールの設備を使い、樽生での提供もできるようになり、楽しみの幅が広がります。

また、酒蔵発信のシードルには、日本酒の酵母が使われるなど、長年培われてきた醸造技術に基づく新たな味わいが注目を集めています。

PICK UP

喜久水酒造（長野県）

飯田地方で営んでいた37軒の酒蔵が、企業合同により昭和19年に設立した蔵元。そのため、多彩な酒造免許をもち、日本酒のほかはシードルだけでなく、ワインやリキュール、焼酎なども製造している。

農家主導の委託醸造

現在、日本でシードルをつくっている生産者は、ワイナリーが中心です。海外では、ワイナリーはワイン以外はあまりつくらないため、この傾向は日本ならではといえるでしょう。たとえば長野県の場合、36軒あるワイナリーのうち、約20軒でシードルがつくられています。

また、最近増えているのが、農家が自分たちのりんごを醸造所に持ち込んでシードルをつくってもらう委託醸造です。農家が仕上がりの味をイメージし、ブレンドの内容を決める農家主導なのも日本ならではです。農家は余剰りんごを活用でき、ワイナリーはワインの仕込みが終わったあとにシードルの醸造が行われるというタイミングもよく、各地で広がりをみせています。

PICK UP

信州まし野ワイン
（長野県）

受託醸造を積極的に行っているのが、長野県の信州まし野ワイン。2017年は20軒以上の醸造を受け、さらに、自家消費用の少量単位の受託醸造も開始。りんごからシードルを通じて、地域の活性化も目指している。

シードルの醸造を委託された近隣の農家のりんごがぎっしりと詰まれている

和食がおいしくなる！

糖度の高い日本のりんごでつくられた辛口のシードルは、アルコール度数が8％前後と高いものが多く、海外のシードルにくらべるとすっきりとした味わいが特長です。キリッとドライな口当たりで、日本酒のようだという人もいます。以前は、シードルに合わせにくいとされていた、素材の持ち味を生かした和食とも相性抜群なのです。

Made in Nippon

シードル専門の醸造所に期待

日本でのシードルの盛り上がりとともに、シードル専門の醸造所も増えています。その先駆けといえるのが、2008年にシードルづくりを始めた北海道の「増毛フルーツワイナリー」。その後、2010年に「A-FACTORY」、2014年に「弘前シードル工房 kimori」と2ヶ所が青森県に登場し、2016年には長野県で「カモシカシードル醸造所」「Farm & Cidery KANESHIGE」、2017年には青森県に「GARUTSU」と、各地で専門の醸造所が続々とオープンしています。

りんご農園の跡継ぎの不在や余剰りんごの問題、地域活性化など、さまざまな背景がありますが、〝日本のりんごの新しい魅力を伝えたい〟という思いは同じ。ぶどうと収穫時期が重なるシードルに適した酸の高いりんごが使えるのは、シードル専門の醸造所ならではです。また、シードル用品種の栽培への取り組みや、つくり方にも独自の工夫がみられるなど、シードルに集中して尽力できるのも強みです。

PICK UP

カモシカシードル醸造所
(長野県)

シードルの可能性を感じ、異業種からシードル醸造家に転身した入倉浩平さん。2016年、りんご栽培に適した標高840mの場所に醸造所を立ち上げました。クリーンで繊細な味わいのシードルが魅力。

醸造家の入倉浩平さん（左）、醸造所には売店が併設されている（右）

Farm&Cidery KANESHIGE
(長野県)

りんご農家の3代目・古田康尋さんと地元の同級生の櫻井隼人さんが2016年にオープン。アメリカのハードサイダー文化に刺激を受け、屋外でわいわい楽しむカジュアルなシードルを目指している。

3代目の古田康尋さん（左）。看板のほか、醸造所もセンス抜群（右）

世界のコンテストで日本のシードルが続々と受賞

◉ドイツのフランクフルトでは、世界最大級のシードル見本市「国際シードル・メッセ」が毎年開催されます。各国の名だたるシードルが並ぶなかで、青森県のタムラファームのシードルは2016年、2017年と2年連続で受賞。2017年には、アジアのワイン審査会「ジャパン・ワイン・チャレンジ」にて、「第1回フジ・シードル・チャレンジ」が開催され、長野県のカモシカシードル醸造所が、国内唯一の金賞を受賞。世界が認めるシードルが、日本国内で次々と誕生しています。

日本シードルの主な受賞歴

国際シードル・メッセ2017

金賞 タムラファーム
「タムラシードル 紅玉」

第1回 フジ・シードル・チャレンジ2017

金賞 カモシカシードル醸造所
「La 2e saison Doux 甘口2016」

銀賞
カモシカシードル醸造所
「La 3e saison Brut 辛口2016」
仙台秋保醸造所「シードル・ドルチェ」
喜久水酒造
「Kikusui Cidre スタンダード」
タムラファーム「TAMURA CIDRE SWEET」
深川振興公社
「Fukagawa Cidre Premium」
「Fukagawa Cidre: Tank Lot No.2017.03.007」
サンクゼール
「いいづなシードル高坂りんご・ふじ」

※データは2017年

日本シードルの未来はもっとおもしろくなる

◉日本で発売されるシードルの種類が増えるとともに、年々味わいも進化しています。日本の生食用のりんごは渋味やペクチンが少ないため、味の傾向が似やすいのですが、それを補うためにそれぞれがオリジナリティを追求してきた結果といえるでしょう。なかには、シードル用品種の輸入や国内での栽培の試みのほか、日本古来の和りんごの復活に力を入れている生産者もいます。

2018年2月には、摘果という工程で間引かれたりんごを使ったシードル「TEKIKAKA CIDRE」が青森県のもりやま園から発売されました。未成熟のため糖分やミネラルが低いのですが、酸味と渋味を生かすりんごとして注目されています。原料のよさをどこまで引き出せるのか、ブレンドにこだわるのか、フレーバーを添加するのかなど、日本シードルの可能性は無限大です。

「TEKIKAKA CIDRE」（テキカカシードル）。目指すは、リンゴ栽培のロスを付加価値につなげるビジネス構築。http://www.moriyamaen.com/

シードルのおいしさ引き立つ料理＆お手軽つまみ

シードルに合う料理とお手軽つまみのレシピをご紹介します。シードルはさまざまな料理に合いますが、とくに一緒に飲んでほしいおすすめのシードルのタイプもぜひ参考に。

［おすすめのシードルタイプ］

- A ゴクゴク飲めるすっきり爽快タイプ
- B 酸味と甘味がほどよい白ワインタイプ
- C タンニンや果実味を感じる味わい深いタイプ
- D ドライでキリッと辛い日本酒タイプ
- E シャープな酸味が効いたビネガータイプ

SEAFOOD

［魚介］

魚介カクテル シードル入り オレンジソース

B・C・D・E

オレンジの風味が苦味のあるシードルと相性ぴったり。フランスの中辛口などやや渋味が効いたシードルがおすすめ。

＊材料（4人分）

好みの魚介（エビ、ホタテ、サーモンなど）…200～300g　オレンジソース…大さじ3弱分（マヨネーズ…大さじ4　シードル…大さじ1　オレンジジュース…200㎖）　チャービル（飾り用）…適宜

＊つくり方

1 小鍋にオレンジジュースを入れ、中火で沸かして、とろみが出るまで煮詰める（途中灰汁を取りのぞく）。ボウルに煮詰めたオレンジジュース、マヨネーズ、シードルを加えて混ぜ合わせる。

2 器に魚介を盛り、オレンジソースを添え、チャービルを飾る。

フィッシュ＆チップス

A・D・E

白身魚はタラのほか、カジキ、穴子など脂がのっているものを選んで。すっきりタイプのシードルと合わせると、脂っこさを流してくれて後味さっぱり。

＊材料（4人分）

白身魚…4切　フリット生地（薄力粉…50g、片栗粉…大さじ2 ½、ベーキングパウダー…小さじ½、水…60㎖、卵…½個分、サラダ油…大さじ1、塩・コショウ…少々）　冷凍フライドポテト…適量　揚げ油…適量　モルト酢…適量　レモン…1個　ローズマリー（飾り用）…適宜

＊つくり方

1 ボウルにフリット生地の材料を入れ混ぜ合わせ、30分寝かせる。

2 食べやすい大きさに切った白身魚に塩・コショウ（分量外）をして、1の生地にくぐらせ、160度〜170度の低温で揚げる。フライドポテトも揚げる。

3 モルト酢やレモン、ローズマリーはお好みで。

タコのガリシア風

E

スペイン・ガリシア州でおなじみの定番つまみ。シンプルだけど、クセになる味。カイエンヌペッパーの代わりに七味唐辛子を使うと、和風な味わいに。

＊材料（4人分）

茹でダコ…80g　じゃがいも…1個
A（パプリカパウダー、カイエンヌペッパー、塩…各少々）　オリーブ油…適量　チャービル（飾り用）…適宜

＊つくり方

1 タコを湯通しして冷水に取る。冷めたら水気を切って5㎜幅の薄切りにする。

2 じゃがいもは皮付きのまま水から茹で、竹串がスッと通るぐらいになったら取り出す。熱いうちに皮をむいてタコと同じ厚さの薄切りにする。

3 皿にじゃがいもを敷き詰め、その上にタコを並べ、オリーブ油を回しかけAをふる。チャービルを飾る。

ムール貝のシードル蒸し

B・C

エシャロットをタマネギに変えたり、面倒であれば入れなくてもいいし、冷凍のムール貝でもOK。シードルは、フランス産のクセがあるものがおすすめ。

＊材料（4人分）
ムール貝（下処理したもの）…500g　シードル…50mℓ　オレンジの皮（せん切り）…少々　エシャロット…3本　オリーブ油…大さじ1　ニンニク…½片　塩…少々　イタリアンパセリ…適宜

＊つくり方
1 ニンニクとエシャロット、イタリアンパセリをみじん切りにする。
2 フライパンにオリーブ油とニンニクを入れ弱火にかける。ニンニクの香りが出てきたら、エシャロットを加えて中火で炒める。
3 エシャロットが透明になってきたら、ムール貝を加え炒め合わせる。全体が絡まったら、強火にしてシードルを注ぐ。オレンジの皮も加えてふたをする。
4 ムール貝の殻が開いたら塩で味を調え、イタリアンパセリを加える。

スモークサーモンとアボカドの生春巻き

B・D・E

サワークリームとマヨネーズの酸味の効いたソースがポイント。シードルは、酸味のあるタイプやすっきりとした味と相性がいい。

＊材料（4人分）
スモークサーモン…2枚　アボカド…½個　パプリカ（黄）…½個　サワークリーム（またはヨーグルト）…大さじ3　マヨネーズ…大さじ2　生春巻きの皮（小）…4枚　ミント（飾り用）…適宜

＊つくり方
1 スモークサーモンは半分、アボカドは1cm幅、パプリカはせん切りにする。
2 サワークリームとマヨネーズを混ぜ合わせる。
3 水にさっとつけて戻した生春巻きの皮の真ん中より少し手前側にスモークサーモン1枚、アボカド1切れ、パプリカ適量、2をスプーン1杯のせて、手前から巻き込み両端も閉じる。残りも同じように巻き、ミントを添える。

白いんげん豆のスペイン風煮込み

B・E

**スペイン・アストゥリアス州の郷土料理ファバダ・アストゥリアーナを手軽な材料で再現。
チョリソの塩味がいい塩梅。調味料のシードルは辛口か酸味のあるスペイン産がおすすめ。**

＊材料（4人分）

白いんげん豆（茹でたもの）…380g
チョリソソーセージ…100g
ベーコン…1枚
ニンニク…½片
にんじん…½本
トマトの水煮…50mℓ
シードル…大さじ1
ローリエ…1枚
オリーブ油…適量

＊つくり方

1 チョリソソーセージは2cm角、ベーコンは1cm幅、ニンニクはみじん切り、にんじんは5mm角に切る。
2 フライパンにオリーブ油、ニンニクを入れて弱火にかけ、ニンニクの香りが出てきたら、にんじんを炒める。
3 にんじんに火が通ってきたら、オリーブ油以外の材料をすべて入れ、かき混ぜながら中火にかける。
4 全体が絡まってきたら、オリーブ油をまわしかけ、強火にする。味を見て足りなければ塩で調味する（分量外）。

牛肉のタリアータサラダ

B・C・E

レアに焼いた牛肉のそぎ切りに、たっぷりのサラダを合わせてヘルシーに。ローズマリーとバルサミコ酢のドレッシングがシードルの甘味や酸味と合う。

＊材料（4人分）

牛ステーキ肉…1枚　サラダ（ルッコラ、ロメインレタス、マッシュルームなど）…適量　ドレッシング（ローズマリー…1枚、オリーブ油…大さじ1、バルサミコ酢…小さじ½、ニンニクのみじん切り…½片）　塩・コショウ…各少々　オリーブ油…適量

＊つくり方

1 牛ステーキ肉は常温に戻し、塩・コショウをふる。フライパンを熱し、中強火で表面を焼く。取り出してホイルに包み粗熱を取る。

2 ローズマリーは葉をみじん切りにし、ドレッシングの材料を混ぜ合わせる。野菜は食べやすい大きさに切る。牛ステーキ肉はそぎ切りにする。

3 器に野菜、肉を盛り、ドレッシングをかける。

豚肉のえのき巻き

A・C・D

えのき茸とみょうがの食感が小気味いい。みょうがの苦味が、りんごの独特の渋味と好相性。ドライなシードルを合わせると、さっぱりとした後味に。

＊材料（4人分）

豚肉薄切り肩ロース…8枚　パプリカ（赤、黄）…合わせて1個分　みょうが…1本　えのき茸…60g
A（しょう油…大さじ1、砂糖…小さじ1、酒…小さじ2、 みりん…小さじ2）　塩…少々　サラダ油…適量　ラディッシュ（飾り用）…適宜

＊つくり方

1 パプリカ、みょうがはせん切り、えのき茸は石突きを落とし半分に切る。

2 豚肉を2枚並べて広げ、塩を少々ふる。手前にパプリカ、みょうが、えのき茸を巻きやすい量のせて、手前から巻き込む。残りも同じように巻く。

3 フライパンに油を中火で熱し、2の豚肉の閉じ目を下にして焼く。

4 途中転がして全体に火が通るまで焼き、Aを加えて絡めながら焼く。

トリップ・アラモード・カーン（臓物トマト煮）

C・E

フランス・ノルマンディ地方の郷土料理。臓物の下処理は手間がかかるけれど、
しっかり茹でて臭みを抜き、野菜をとろとろになるまで煮込むのがおいしさの秘訣。

＊材料（4人分）
トリッパ（牛の内臓・
　下処理したもの）…500g
牛スネ肉…200g
豚足…2本
A（玉ねぎ…1個、にんじん…1本、
　セロリ…½本、赤ピーマン…4個）
ニンニク…1片
シードル…400mℓ
オリーブ油…適量
塩…少々
ローリエ…1枚
ジャガイモ（茹でたもの）…適量

＊つくり方
1 トリッパ、牛スネ肉はひと口大に切る。ニンニクはみじん切り、Aの野菜は7mm角に切る。
2 大きめの鍋にオリーブ油、ニンニクを入れて弱火にかける。ニンニクの香りが出てきたら、1の野菜を玉ねぎ、にんじん、セロリ、赤ピーマンの順に炒める。
3 野菜がやわらかくなってきたら、豚足、トリッパ、牛スネ肉、ローリエを入れて、シードルを注ぐ。ひたひたになるまで水を足して強火にかける。沸騰したら弱火にして約3時間。途中で水がなくなってきたら水を足しながら煮る。肉がやわらかくなってきたら、塩で味を調える。
4 器に盛り、茹でたじゃがいもを添える

野菜のフリット

A・D・E

野菜はカリフラワーのほか、ブロッコリーやその時期の季節野菜を加えても。とくに山菜のような苦味のある野菜は、シードルと相性抜群。

＊材料（4人分）

カリフラワー…4房　山菜（たらの芽、こごみ）…適量　春菊…4本　フリット生地（片栗粉…大さじ1、小麦粉…大さじ3、ベーキングパウダー…小さじ¼、塩小さじ…¼、水…50mℓ、ごま油…小さじ1）　揚げ油…適量　すだち…1個

＊つくり方

1 フリット生地は混ぜ合わせておく。
2 たらの芽はかまを取り、こごみは半分に切る。春菊は茎を切り落とす。
3 素材に生地を絡ませて170度に熱した油で揚げる。
4 器に盛り、すだちを添える。

野菜たっぷり オリエンタル餃子

A・D・E

セロリやクミンなどの香りが立って食欲をそそり、野菜たっぷりの軽やかな食感でぺろり。スパイシーな風味が酸味のあるシードルにぴったり。

＊材料（4人分）

キャベツ…170g　長ねぎ…1本　セロリ½本　塩…小さじ1　牛ひき肉…130g　A（しょうが汁…小さじ1、クミンパウダー…ひとつまみ、ごま油小さじ¼）　餃子の皮…20枚　サラダ油…適量　片栗粉…大さじ1

＊つくり方

1 キャベツ、長ねぎ、セロリはみじん切り。野菜をボウルに入れて塩を加え軽く混ぜ合わせてしばらくおく。水分が出てきたらしっかりと水気を絞る。
2 1に牛ひき肉とAを加えて手で粘りが出るまでよく練る。
3 餃子の皮に2の具をスプーン1杯ほどのせて包む。
4 フライパンに油を入れて餃子を並べる。中強火で焼き、パチパチと音がしてきたら片栗粉を同量の水で溶いて餃子の⅓の高さまで入れてふたをして約5分焼く。ふたを開け、水分が飛ぶまで焼き上げる。

FINGER FOOD ［ぱぱっとつくれる手軽な一品］

ガレット ソシス A・C

市販のガレット生地を使えば、あっという間に完成。ソーセージは濃厚な味の食べ応えがあるものがおすすめ。

＊材料（1本分）

冷凍ガレット…1枚
ソーセージ…1本
バター…適量

＊つくり方

1 ソーセージは茹でてからフライパンで焼き色をつけ取り出す。
2 フライパンにバターを少量入れて、弱火でガレットを温める。
3 ガレットにソーセージを包む。

*ガレットのつくり方は、P91へ

ワンタンのひと口揚げ A・B・E

豚ひき肉を簡単に味付けして、ワンタンの皮で包んで揚げたもの。パクパク食べられるパリパリの食感でやみつき。

＊材料（4人分）

豚ひき肉…50g　小エビ…3尾　長ネギ…2cm　A（ナンプラー…小さじ1/4、ごま油…ひとたらし、コショウ…少々、しょうが汁…小さじ1/4）ワンタンの皮…20枚　揚げ油…適量

＊つくり方

1 ビニール袋やボウルに豚ひき肉、みじん切りにした小エビ、長ネギ、Aを入れて手で揉み込む。
2 ワンタンの皮に1の具をスプーンの半量のせ、手で具のない部分をギュッと押さえる。
3 約180度の高めの油でからりと揚げる。

ナツメヤシのひと口 C

焦げ目がつくほどしっかり焼くと、まるでチョコレートのような濃厚な味に。甘いシードルと合わせてデザートにも。

＊材料（2〜3人分）

なつめやしの実…5個
溶けるチーズ…適量
レッドカラント（飾り用）…適宜

＊つくり方

1 なつめやしの実は縦半分に切り込みを入れて中のタネを取り除く。
2 切り込み部分にチーズを挟み、トースターでチーズが溶けるまで焼く。

SWEETS ［スイーツ］

バラのアップルパイ

B・C

りんごの端を半分くらい重ね、左上から右下に向かって斜めになるようにのせる

フォトジェニックなかわいいスイーツ。りんごの香りとコンフィチュールの甘味は、甘いシードルと合う。互いを引きたて合い、ちょうどいい甘さに。

＊材料（2人分）
りんご（紅玉、ジョナゴールドなど）…½個　グレナデンシロップ…適量　シードル…大さじ2　シードルコンフィチュール（またははちみつ）…適量　冷凍パイ生地…2cm×15cmの長方形に切ったもの2枚

＊つくり方
1 りんごは種の部分を切り落とし、縦に1～2mm厚の半円状にスライスする。
2 耐熱ボウルに1を入れシードルを注いで、600Wの電子レンジで約2分加熱。汁気を捨てて熱いうちにグレナデンシロップをひたひたに注ぎ、冷めるまで置く。
3 2のりんごの水分を切り、パイ生地に並べる。
4 パイ生地の下の空きが大きいほうから巻き込んでバラの形をつくり、耐熱カップにのせる。
5 170度のオーブンで10～15分ほど、パイ生地に焼き色がつくまで焼く。りんごが焦げそうになったら上にホイルをのせてもよい。
6 りんごの部分にシードルコンフィチュールを塗る。

ドライフルーツの紅茶煮 C

紅茶やオレンジと合わせることで、ドライフルーツとシードルの相性がアップ。甘すぎず、タンニンが効いた辛口のシードルと合わせて。

＊材料（4～6人分）
ドライフルーツ数種（アプリコット、プルーン、レーズン、クランベリーなど）…計400g　オレンジの皮…1～2枚　オレンジスライス…1cm厚1枚　シードル…50mℓ　濃いめに入れた紅茶…500mℓ　バニラアイス…適量

＊つくり方
1 鍋にドライフルーツ、オレンジの皮、オレンジスライス、シードルを入れて、紅茶を注ぎ中火にかける。沸騰したら弱火にして約20分煮る。
2 冷めたら器に盛り、バニラアイスを添える。

手軽に合わせるシードルとチーズ

フランスのノルマンディィやスペインのアストゥリアスといった伝統的なシードルの産地では、良質なチーズもつくられており、現地では日常的に同じ風土で醸されたお酒とチーズが楽しまれています。いろいろと合わせてみて、好みの組み合わせを探してみましょう。

白カビタイプ

表面は白カビで覆われ、比較的クセがなくクリーミーでマイルドな味わい。カマンベールはその代表的な一種。熟成が進むと中心がとろりと流れ出すほどやわらかくなり、香りも強くなる。シードルとの相性は万能。淡白な味わいの国産シードルにもぴったり。

シェーブルタイプ

ヤギの乳からつくられるチーズ。特有の強い個性があり、食感はほぐれるようにやわらか。若い頃は酸味、熟成が進むとコク、と味わいが変化。フレッシュな味わいのものは、スペインの洗練された飲み口のシドラや洋なしのポワレなど、すきっとした酸で清涼感のあるタイプと絶好の相性。ハチミツをかけてもよい。

ウォッシュタイプ

フランス・ノルマンディのリヴァロ、ポン・レヴェックなど、塩水やお酒で洗いながら熟成させたチーズで、香りは強いが、味わいはとてもミルキーでマイルド。スペインの自然発酵させる伝統的なつくりのシドラ・ナチュラルや、フランスの牧草のような香りのシードルなど、濃厚な味わいでひとクセあるシードルとよく合う。

スモークタイプ

シードルには、スモークが強すぎず、とがった感じやクセも少ない、マイルドでクリーミーな味わいのものが合う。フランス・ノルマンディ産など一部のシードルに見られるような、薬品香と称されるフェノール香とマッチ。

青カビタイプ

大理石のような模様が入るブルーチーズ。穏やかなタイプからピリリと刺激的なものまで、幅広い種類があるが、総じて風味は強烈で味と塩気も濃厚。フランス・ノルマンディ産やイギリス産のクセのあるものなど、個性的なシードルを飲むときに活躍する。

COCKTAIL of Cidre

おすすめのシードルカクテル

フランス産は、カクテル全体にボディ感を与え、奥深い味わいに。
すっきりとした国産シードルは、素材の持ち味を引き立てるため、
ロングカクテルにもってこい。産地を変えて飲み比べるのもおもしろいでしょう。

シードルモヒート

ラム酒を使ったモヒートより果実味と酸味がアップ。うっとりするような香りと抜群の清涼感。

＊材料
シードル（日本産）…90mℓ
フレッシュライムジュース…10mℓ
ガムシロップ…10mℓ
ミント…1つまみ

＊つくり方
タンブラーにミントを入れ、ペストルで潰す。フレッシュライムジュースとガムシロップを注ぎ、クラッシュアイスを入れる。シードルを注ぎ、ミントを飾る。

キール・ノルマンド

フランス・ノルマンディの現地レストランなどで提供されているカクテル。香りと味わいが豊かなフランスのシードルと、カシスの甘味がマッチ。大きめのワイングラスに氷を一つ落として、ミントを添えてゆったり飲んでも。

＊材料
シードル（フランス産）…90mℓ
カシスリキュール…30mℓ

＊つくり方
シャンパングラスにカシスリキュールを注ぎ、さらにシードルを静かに注ぐ。軽くステアする。

【番外編】
シードルに合う日本の料理

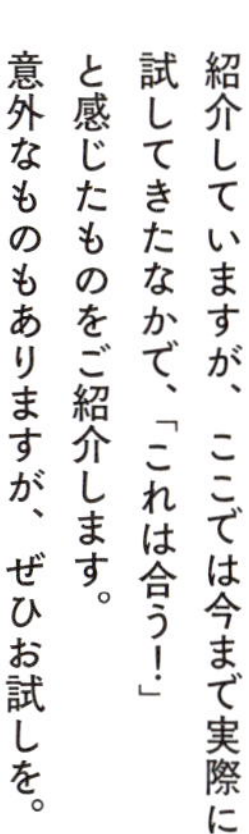

本書では、おすすめ料理やチーズなど、シードルとのさまざまなマッチングを紹介していますが、ここでは今まで実際に試してきたなかで、「これは合う！」と感じたものをご紹介します。意外なものもありますが、ぜひお試しを。

野沢菜漬

同じ地域のシードルとチーズが合うように、長野県の野沢菜漬と長野県の辛口のシードルは最高の組合せ。2つの味わいが一体となりさわやかな後味へと導いてくれます。

ふき味噌のおやき

相性がいいのは、甘味、酸味、渋味が全体的に控えめでかつバランスのとれているシードル。味噌を合わせることで味わいに奥ゆきが出て、シードルがよりおいしくなります。

魚のみりん干し

干物の甘辛さが日本の中辛口タイプと相性抜群。赤身の生魚はシードルと合わせるのが難しいですが、干物にすると魚の生臭さが抑えられて、互いを引き立てるようです。

たこ焼き＆お好み焼き

この2品に欠かせないソース。実は、原料にりんごが入っています。ほのかな酸味もあり、酸が効いたシードルとぴったりです。日本の辛口に合わせると、さっぱりとした後味に。

羊羹

甘い和菓子がシードルと合うと聞くと意外かもしれませんが、味わい深いタイプと合わせると、小豆のコクのある甘味を引きたてつつ、やわらかく包み込んでくれます。

焼き鳥

シードルは、しょう油とも相性がいいのです。とくに、しょう油、砂糖、みりんが合わさった焼き鳥の甘辛いタレは、タンニンが効いた深みのあるタイプとぴったりです。

麻婆豆腐

山椒のピリリとした辛さが効いた麻婆豆腐のような料理もシードルに合います。酸の強いタイプを合わせると、辛さを適度にまろやかにしてくれるのです。

シードルの仲間たち

りんごを使ったお酒は、シードルだけにあらず。蒸留したりブレンドしたり、調味料にもなったり。甘味と酸味の立つりんごならではの味わいは、多方面で活用されています。

果実感満ちる、
ほんのり甘口の食前酒

ポモー

Pommeau

発酵していないりんごジュースにカルヴァドスを加え、熟成させたもの。ブルターニュではランビグと呼ばれるアップルブランデーを加えます。甘味があり、主に食前酒として楽しまれています。

酸味と甘味が心地いい
りんごの酢

シードルビネガー

Cidre Vinegar

ワインや果実でつくった酢をビネガーといい、りんご酒の発酵をさらに進めたものをシードル（アップル）ビネガーと呼びます。熟した酸っぱい香りがあり、サラダや鶏肉料理などによく使われます。

濃密でエレガントな
りんごでつくったアイスワイン

アイスサイダー

Ice Cider

カナダでは、実ったりんごを収穫せずに自然に凍った状態で圧搾し、果汁を冷凍濃縮することで、甘味が強く、度数の高いシードルがつくられます。アイスシドラ、アイスシードルと呼ばれることも。

香り高く、
長い余韻のアップルブランデー

カルヴァドス

Calvados

シードルを蒸留、樽熟成した蒸留酒。コニャック、アルマニャックに並ぶ、フランスの三大ブランデーの一つです。AOC（原産地呼称統制）の対象で、「カルヴァドス」と名乗れるのは、フランス北西部・ノルマンディのカルヴァドス地区で栽培されたりんご、もしくは洋なしをブレンドしたものを原料とし、この地方でつくられたもののみ。3つの生産地域、「カルヴァドス ペイ・ドージュ」、「カルヴァドス ドンフロンテ」、「カルヴァドス（その他の地域）」があります。香りの高さ、酸の効いた長い余韻が特徴。

Part 3

シードルを選ぶ

CIDRE TYPE

おすすめのシードルのタイプ

シードルを選ぶときのポイントをピックアップしました。
一つの項目だけで決めてもよし、気になるものをいくつかチェックして
総合して判断してもよし。そのときの気分や好みに合った、
ぴったりのシードルが見つかりますように。

好みの味で選ぶ

イメージ

さっぱりした味がいい → D

カジュアルな味がいい → A・E

リッチでエレガントな味がいい → B・C・F

味わい

タンニンが効いたものがいい → C

苦味がほしい → A・D

辛口が好き → D

甘口が好き → B・C・F

好きなお酒

日本酒党 → D

カクテルが好き → C・F

ワイン派 → B・C

ビール派 → A・E

歴史

新しい味も気になる → A・D・E

伝統が大切だと思う → B・C

りんご感

りんごの風味にはこだわらない → A・D・E

りんごの風味があったほうがいい → B・C・F

おすすめのタイプはコレ！

料理とのマッチング（P14）や味わいの基本チャート（P38）も参考にカタログからあなたに合うシードルを探しましょう。

タイプ

A ゴクゴク飲めるすっきり爽快タイプ

イギリス、アメリカの辛口など、ライトボディで渋味が控えめなもの

B 酸味と甘味がほどよい白ワインタイプ

日本のやや甘口や中辛口など、甘味と酸味もあり、渋味が控えめなもの

C タンニンや果実味を感じる味わい深いタイプ

フランスの辛口、中辛口など、甘味もあり、渋味も2以上あるもの

D ドライでキリッと辛い日本酒タイプ

日本の辛口など、甘味、酸味、渋味が低いポイントでバランスが取れたもの

E シャープな酸味が効いたビネガータイプ

スペイン、イギリスの一部など、渋味がなく、酸味が突出しているもの

F 甘くて濃厚なデザートタイプ

フランスや日本の甘口など、渋味と酸味は控えめで甘味が際立っているもの

合わせる料理やシチュエーションで選ぶ

料理

あっさり味の料理 → B・D・E

濃厚な味わいの料理 → A・C

スパイシーな料理や揚げ物 → A・D・E

繊細な味わいの和食 → D

クセのあるチーズ → C・F

まろやかな味のチーズ → B

シチュエーション

食事と合わせてゆっくり → B・C

わいわい飲みたい → A・E

食後のスイーツと → F

食前の乾杯に → B・D

HOW TO USE CIDRE CATALOGUE

カタログの見方

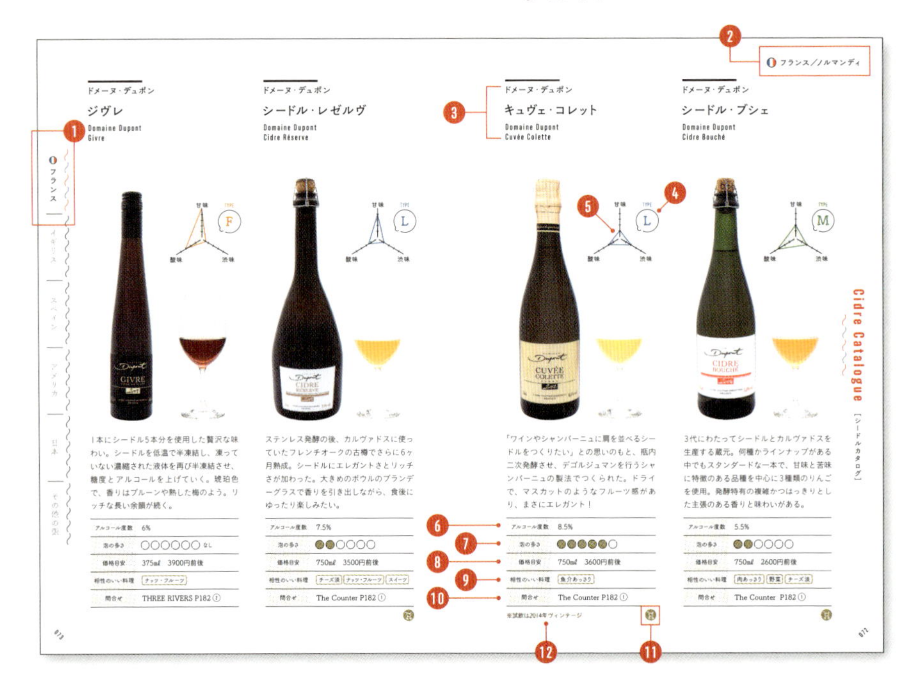

❶ **国名**　インデックスに該当する国の国名と国旗を表示。

❷ **エリア名**　フランスのエリアが変わるところに入ります。

❸ **生産者名・商品名**　生産者と商品名は、海外での名称と日本での名称の表記が異なる場合があります。

❹ **味のタイプ**　F=フルボディ、M=ミディアムボディ、L=ライトボディのいずれかを表示。テイスティングの際に、味わいの構造が大きいと感じたものはF、すっきりとした軽い飲み口のものはL、その中間をMとしています。

❺ **味わいのチャート**　甘味、渋味、酸味をそれぞれ10段階で表示。

❻ **アルコール度数**　生産の年度によって異なるものは、6〜7%など幅のある表記になっています。

❼ **泡の多さ**　見た目のほか、口に含んだときの泡の強さも合わせて判断しています。

❽ **価格目安**　消費税込みの価格で、100円単位で幅をもたせています。販売店により異なる場合もあります。

❾ **相性のいい料理**　それぞれのシードルにおすすめの料理を、10のジャンルに分けて示しています。

❿ **問合せ**　P182〜184の問合せリストにて、それぞれ電話番号、メールアドレスまたは公式ウェブサイトのアドレスを載せています。海外のシードルは、輸入元と販売元が異なる場合があります。

⓫ **公式オンラインショップの有無**　公式のオンラインショップで購入できる商品のみ、表の右下にマークを入れています。公式のオンラインショップがない商品も、店頭やオンラインで購入可能な場合もあります。

⓬ **その他の特記事項**

- ▶ 少量生産、数量限定…生産の本数が少ない場合や、限定されている場合
- ▶ 委託醸造…他社に醸造を委託している場合
- ▶ 期間限定販売…販売の期間が限定されている場合
- ▶ 試飲は20**年ヴィンテージ…生産の年度によって味が大きく変わるものはヴィンテージを記載

［相性のいい料理のジャンル別リスト］

肉あっさり	鶏肉・鴨肉などのグリル料理、生ハム、リエット、テリーヌ、トリッパ、水炊き、しゃぶしゃぶなど
肉こってり	ステーキ、ローストビーフ、ソーセージ、ポークソテー、スペアリブ、ハンバーグ、焼き肉、ラム肉のグリル、唐揚げ、とんかつ、燻製肉、焼き鳥、もつ焼き、餃子、チンジャオロース、麻婆豆腐、肉じゃが、揚げ物（魚も含む）など
魚介あっさり	魚介のカルパッチョやマリネ、白身魚のフリット、魚のムニエル、アサリの酒蒸し、ムール貝のシードル蒸し、魚の天ぷらや塩焼き、シメサバ、生ガキ、生春巻きなど
魚介こってり	西京焼、魚の照り焼き、魚の味噌煮、エビチリ、クリームコロッケ、アヒージョなど
野菜	生野菜、蒸し野菜、野菜のグリル、マッシュルーム、フライドポテト、天ぷら、豆料理、青菜の炒めもの、キャロットラペ、カプレーゼ、青じそやパクチーを効かせた料理、ふろふき大根、ぬたなど
エスニック	辛い料理やスパイスが効いた料理
チーズ淡	カマンベール、シェーブル、ブリー、パルメザン、リヴァロなど
チーズ濃	ブルーチーズ、チェダー、スモークチーズなど
ナッツ・フルーツ	くるみ、アーモンド、ヘーゼルナッツ、カシューナッツ、ピスタチオ、栗、いちじく、干しぶどう、マンゴー、ベリー系、レーズンバター、りんご、すいか、マンゴー、メロン、いちご、プラム、ももなど
スイーツ	ガレット、クレープ、クレームブリュレ、チョコレート、アップルパイ、アイスクリーム、プリン、レーズンウィッチなど

- 本書の内容は2018年２月現在であり、味、製法、アルコール度数や、ラベル、容量、価格等は変更になる場合もあります。また、在庫状況により、同じ商品がない場合もあります。
- 同じ状態でシードルの色を表すため、グラスを統一していますが、本来は国や商品、飲む状況により使用するグラスは異なります。
- 本書では、泡のないスティルタイプや洋なしを使ったポワレ（ペリー）なども紹介しています。

FRANCE
フランス

ブルターニュ地方

ブルトン人と呼ばれるブルターニュの人々は、ケルト民族の習慣や伝統を守り、独自の文化を築いてきた。ノルマンディより日差しが多くりんごの糖度が高いため、ドライで強い味わいのシードルが多いといわれる。伝統料理であるガレットとシードルの組合せが有名。

ノルマンディ地方

穏やかで湿気のある気候、粘土と石灰岩の土壌など、りんご栽培に適した条件がそろっているため、シードルとのつながりは深い。約40kmにおよぶシードル街道がある。近隣には、カマンベールやリヴァロなどのシードルと相性のいいチーズの名産地も多い。

ベルギー
ピカルディ
パリ
アルザス
ドイツ
ロワール地方
スイス
NORTH ATLANTIC
リムーザン
サヴォア
イタリア
スペイン

ペイ・バスク

フランスとスペインの2つの国にまたがるエリア。シードルは古くから薬のように飲まれていた親しみ深い存在。ブルターニュのりんご品種は、バスクから渡ったといわれ、シードルの歴史は長い。国外にあまり輸出されておらず、日本で飲めるものはまだ少ない。

フランスのシードル二大産地は、ノルマンディとブルターニュ。気温が低く、雨が多いため、ワイン用のぶどうが育たず、シードル文化が発展しました。伝統的な製法を守る生産者も多く、りんご酒文化へのこだわりを感じます。

19世紀末に世界最大のりんご栽培面積を誇り、シードルの製造が隆盛を極めたという記録も。現在は、ノルマンディ、ブルターニュ、ロワールなど北西部のほか、スペインとの国境付近のペイ・バスクなどでシードルがつくられています。ノルマンディのペイ・ドージュ地区は、フランスで最高レベルのシードルの代名詞となっています。

フランスの特長は、何百年も前から続くデフェカシオン（→P23）という製造工程。糖分が残った状態で発酵を止めることができるため、辛口でもほのかに甘味を感じる味わいが多いのです。ノルマンディでつくられているアップルブランデーのカルヴァドス、ポモーなどもフランスならではです。

1.フェルミエの「ル・ペール・ジュル」。果樹園の中に醸造所が立つ　2.「マノワール・アプルヴァル」の収穫シーン

3.シャンパーニュ製法で瓶内二次発酵をしている様子　4.ノルマンディで見かけるカルヴァドスの蒸留機

FUJII MEMO

日常の風景にシードルが溶け込んでいた

コロンバージュの木組みの伝統建築とボレに注がれたかわいらしい一杯。フランスのシードルにはそんな素朴な風景が似合う

ノルマンディのシードル街道沿いを走ると醸造所がいくつも現れる。一見すると普通の農家にシードルリーの看板を見つけ立ち寄ると、マダムらしき女性が蔵を開けて自家製シードルを紹介してくれた。奥の自宅ではお年寄りと孫が遊んでいた。一方、名門のシードルリーは、緑の芝生が敷かれた庭園のように華やかな佇まいだ。

街のクレープリーを訪れれば必ずシードルがあり、ガレットとともに楽しむことができる。シードルは、フランスの人々の暮らしと一体となった飲み物なのだ。

ノルマンディ地方／カルヴァドス

ドメーヌ・デュポン

Domaine Dupont

製造工程の一つひとつに強いこだわりを持つ

家族経営のドメーヌで、以前は酪農も行っていた。1980年に会社を継いだエティエンヌ・デュポン氏が、方針を変え、シードルとカルヴァドスに専念。小ぶりで凝縮した香りのいいりんごが手作業で選果され、状態の悪いものはそこでしっかり取り除かれる。なお収穫の際には、完熟して地面に落ちた実を拾うので、柔らかい芝を植えてクッションに。細部まで気持ちが行き届いているのがわかる。

https://www.calvados-dupont.com/

1.ノルマンディ地方で代々続くドメーヌ　2.デュポン一家。左からエティエンヌ、娘のアン・ペイミー、息子で現当主のジェローム　3.収穫は年3回に分けて行う

ノルマンディ地方／カルヴァドス

シリル・ザンク

Cyril Zangs

個性豊かな味わいを作るカリスマ的なシードル職人

オーナーは「シードルのスペシャリスト」として名高いシリル・ザンク氏。シードル街道の近くに、樹齢15〜60年のりんごの木約70種を植えた農園をもつ。10〜12月頃には、熟したものから収穫し、蔵の中で6週間かけてさらに熟成。そこから5、6ヶ月かけて発酵させ、発泡性が出るまで寝かせること2、3ヶ月。およそ1年かけて完成させた一品から、つくり手の職人気質が伝わってくる。

http://cidre2table.com/en/

1.収穫時にはりんごを傷つけないようにカンバスシートを敷く　2.世界中に多くのファンを持つシリル・ザンク氏　3.ノルマンディ地方のカルヴァドス県が本拠地

1.原材料となるりんごは100%自社の畑で栽培　2.経営は家族で行い、代々ノウハウを高めてきた　3.アガーテ・レタリー氏。オーナー自ら率先して栽培に関わる

ノルマンディ地方／カルヴァドス

マノワール・アプルヴァル

Manoir d'Apreval

徹底した消費者目線で品質・価格にこだわる

20世紀初頭、作物栽培と家畜飼育を取り入れた混合農業を開始。1998年に現オーナーのアガーテ・レタリー氏が引き継ぐと、シードルとカルヴァドスの生産に専念するようになった。自社の畑で育てる17種のりんごは、どれもフランス政府の有機認証を受けたもの。それらをブレンドすることで、自分たちの味を実現している。高品質でありながらコストパフォーマンスがいいのも人気の秘訣。

http://www.apreval.com/

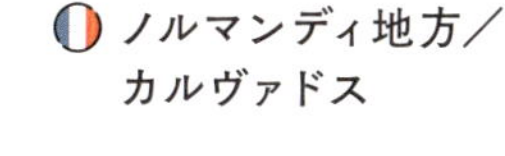

1.先代オーナーのレオン・デフリエッシュ氏　2.ル・ペール・ジュルの広大なりんご園　3.シードルはステンレスのタンクで発酵。カルヴァドスは樽で熟成する

ノルマンディ地方／カルヴァドス

ル・ペール・ジュル

Le Père Jules

種類豊富なりんごで芳醇な味わいを生み出す

南ノルマンディにあるサン・デジール村で、約38haのりんご園と約5haのなし園を親子3代にわたり営む。有機で栽培されたりんごの種類はなんと80種類ほど。一般的に、多くの農園は11月頭にすべての収穫を終えるが、こちらでは9月から12月までの間、旬の異なる品種が順々に実をつけている。甘味や苦味、酸味など、それぞれの個性を生かし、バランスの取れた果汁をつくり出すのが得意だ。

http://www.calvados-leperejules.com/

ドメーヌ・デュポン

キュヴェ・コレット

Domaine Dupont
Cuvée Colette

「ワインやシャンパーニュに肩を並べるシードルをつくりたい」との思いのもと、瓶内二次発酵させ、デゴルジュマンを行うシャンパーニュの製法でつくられた。ドライで、マスカットのようなフルーツ感があり、まさにエレガント！

アルコール度数	8.5%
泡の多さ	●●●●●○
価格目安	750mℓ　3600円前後
相性のいい料理	魚介あっさり
問合せ	The Counter P182 ①

ドメーヌ・デュポン

シードル・ブシェ

Domaine Dupont
Cidre Bouché

3代にわたってシードルとカルヴァドスを生産する蔵元。何種かラインナップがある中でもスタンダードな一本で、甘味と苦味に特徴のある品種を中心に3種類のりんごを使用。発酵特有の複雑かつはっきりとした主張のある香りと味わいがある。

アルコール度数	5.5%
泡の多さ	●●○○○○
価格目安	750mℓ　2600円前後
相性のいい料理	肉あっさり　野菜　チーズ淡
問合せ	The Counter P182 ①

ドメーヌ・デュポン

ジヴレ

Domaine Dupont
Givre

1本にシードル5本分を使用した贅沢な味わい。シードルを低温で半凍結し、凍っていない濃縮された液体を再び半凍結させ、糖度とアルコールを上げていく。琥珀色で、香りはプルーンや熟した梅のよう。リッチな長い余韻が続く。

アルコール度数	6%
泡の多さ	○○○○○○ なし
価格目安	375mℓ　3900円前後
相性のいい料理	ナッツ・フルーツ
問合せ	THREE RIVERS P182 ②

ドメーヌ・デュポン

シードル・レゼルヴ

Domaine Dupont
Cidre Réserve

ステンレス発酵の後、カルヴァドスに使っていたフレンチオークの古樽でさらに6ヶ月熟成。シードルにエレガントさとリッチさが加わった。大きめのボウルのブランデーグラスで香りを引き出しながら、食後にゆったり楽しみたい。

アルコール度数	7.5%
泡の多さ	●●○○○○
価格目安	750mℓ　3500円前後
相性のいい料理	チーズ淡　ナッツ・フルーツ　スイーツ
問合せ	The Counter P182 ①

マノワール・アプルヴァル

シードル・ブリュット コート・ド・グレース

Manoir d'Apreval
Cidre de la Côte de Grâce Brut

コート・ド・グレース地区にある自社農園の有機栽培りんごを使用。洋なしを思わせる爽やかな風味で、すっきりとした辛口。あとから甘味が顔を出すとともに、わずかにタンニンも感じる。ボイルしたエビなど魚介料理と相性がよく、食中酒におすすめ。

アルコール度数	5%
泡の多さ	●●●○○○
価格目安	750mℓ　1300円前後
相性のいい料理	魚介あっさり
問合せ	田地商店（信濃屋）P182 ③

マノワール・アプルヴァル

シードル・キュヴェ・サン・ジョルジュ AOCペイ・ドージュ

Manoir d'Apreval
Cidre Cuvée Saint Georges
AOC Pays d'Auge

ペイ・ドージュ地区にある自社農園の有機栽培りんごを使い、フランスでわずかなブランドだけが所有するAOCペイ・ドージュ規格品。中辛口で、口に含んだ瞬間は甘さが際立つがキレがいい。ややクセもあるが、熟したパイナップルの風味が心地いい。

アルコール度数	4%
泡の多さ	●●●●○○
価格目安	750mℓ　1500円前後
相性のいい料理	肉あっさり　チーズ濃
問合せ	田地商店（信濃屋）P182 ③

ラシャス

フレンチグリーンアップル

Luscious
French Green Apple

青りんご100%のシードルで、白い花、レモングラスのような香り。フィルタリングのみで殺菌。青りんごをそのままかじったような清涼感と果実本来の甘さ、瑞々しい酸のバランスは秀逸。

アルコール度数	4%
泡の多さ	●●●○○○
価格目安	330㎖　600円前後 750㎖　1600円前後
相性のいい料理	チーズ濃　エスニック
問合せ	アレグレス P182 ④

ラシャス

シードルナチュラル

Luscious
Cidre Natural

熟したりんごの果実感が凝縮された、ジューシーで素直な味わい。やわらかな泡立ちで、りんごの皮を感じるかすかなタンニンあり。白カビのチーズやいちじくなどのドライフルーツとともに。

アルコール度数	3%
泡の多さ	●●●○○○
価格目安	750㎖　1000円前後
相性のいい料理	チーズ淡　ナッツ・フルーツ
問合せ	アレグレス P182 ④

ラシャス

ポワレフレッシュ

Luscious
Poiré Frais

原料は洋なし。冷涼な気候で育った洋なしのフレッシュな香りが満ち、甘味と酸が立つ味わいのはっきりとした輪郭があり、キレがある。ウェルカムドリンクや、温野菜など軽い料理にも◎。

アルコール度数	2%
泡の多さ	●●○○○○
価格目安	330㎖　600円前後 750㎖　1300円前後
相性のいい料理	肉あっさり　魚介あっさり　野菜
問合せ	アレグレス P182 ④

ラシャス

カルヴァドス・シードル

Luscious
Calvados Cidre

香り高いカルヴァドスとシードルを使用。カルヴァドスの心地よい甘味と奥深さが加わった。オークフレーバーの心地よいニュアンス。複雑で繊細な味わいを、食後に語らいながら楽しみたい。

アルコール度数	7.5%
泡の多さ	●●○○○○
価格目安	330㎖　600円前後 750㎖　1400円前後
相性のいい料理	肉こってり　ナッツ・フルーツ
問合せ	アレグレス P182 ④

エリック・ボルドレ

シードル・タンドル

Eric Bordelet
Sidre Tendre

甘味 TYPE M
酸味 渋味

やや甘口。ほのかにワインの風味も加わる。貴腐ワイン、蜂蜜のような香りを裏切らない柔らかくエレガントな味わいでとても美味。クレームブリュレをはじめ、スイーツとの相性が抜群。鴨、北京ダッグなどともよく合う。

アルコール度数	3%
泡の多さ	●●●○○○
価格目安	750mℓ　2000円前後
相性のいい料理	肉こってり　ナッツ・フルーツ　スイーツ
問合せ	アルカン P182 ⑤

※少量生産

エリック・ボルドレ

シードル・ブリュット

Eric Bordelet
Sidre Brut

パリの三ツ星に輝く一流レストラン「アルページュ」のシェフ・ソムリエという地位を捨て、1992年より家業を継いだエリック・ボルドレ氏。高品質なシードルのつくり手として知られる。スタンダードな一本はドライでいてエレガント。

アルコール度数	6.5%
泡の多さ	●●○○○○
価格目安	750mℓ　2000円前後
相性のいい料理	魚介あっさり　魚介こってり
問合せ	アルカン P182 ⑤

エリック・ボルドレ

ポワレ・グラニット

Eric Bordelet
Poiré Granit

有機栽培で丁寧に育てた、最高級品種の小ぶりな洋なしのみを手摘みで収穫し、多種をブレンドして特別に醸造された洋なしのスパークリングワイン。洋なしのもつ香り高さと品のよい甘味、軽やかさと清涼感が立ち上る。エレガントな食前酒に。

アルコール度数	3.5%
泡の多さ	●●●●●○
価格目安	750mℓ　3800円前後
相性のいい料理	肉あっさり　魚介あっさり
問合せ	アルカン P182 ⑤

エリック・ボルドレ

シードル・アルジュレット

Eric Bordelet
Sydre Argelette

19種類のりんごを使用。一次発酵の途中でシードルを瓶詰し、残った糖分で瓶内発酵を進めて発泡させるアンセストラル方式という醸造を行うシードル。低めのアルコール度数と微発泡性のやわらかな泡が特徴。コクと奥行き感のある味わい。

アルコール度数	5%
泡の多さ	●●○○○○
価格目安	750mℓ　3000円前後
相性のいい料理	魚介こってり　チーズ濃
問合せ	アルカン P182 ⑤

シリル・ザンク

ディス・サイダー・アップ

Cyril Zangs
This Sider Up

つくり手・シリルがとくに大事にしている単一区画のりんごで仕込んだもの。わらのような独特の香りが広がり、ミネラル感を感じる苦味とワイルドな旨味あり。極少量生産。熟成させた牛肉や鹿肉、羊肉などとの好相性が思い浮かぶ。

アルコール度数	5.5%
泡の多さ	●●●○○○
価格目安	750mℓ　3500前後
相性のいい料理	肉あっさり　肉こってり
問合せ	W P182 ⑥

※少量生産

シリル・ザンク

シードル・ブリュット

Cyril Zangs
Cidre Brut

シードルのスペシャリスト・シリルが手がける。木製プレスでのりんご搾汁、天然酵母での発酵、フィルターなしの瓶詰めなど伝統の製法を踏襲。野生的な香りとエレガントさが共存し、タニックでスパイシー。赤身肉と好相性。冷やさずとも楽しめる。

アルコール度数	5%
泡の多さ	●●●●●○
価格目安	750mℓ　3000円前後
相性のいい料理	肉あっさり　肉こってり　魚介こってり
問合せ	W P182 ⑥

ル・プレマール

シードル・ロゼ

Le Prémare
Cidre Rosé

ノルマンディ地方バローニュ地域の色素の濃いりんごを用い、その果肉のみでつくった珍しいロゼタイプのシードル。くぐもったピンク色が特徴。低アルコールの甘口。熟したりんごの甘味、酸味。ドライフルーツと合わせて食前酒に。

アルコール度数	3%
泡の多さ	●●●○○○
価格目安	750mℓ　1400円前後
相性のいい料理	肉あっさり　ナッツ・フルーツ
問合せ	メゾンドノルマンディー P182 ⑦

シリル・ザンク

サイダーマン

Cyril Zangs
CIDERMAN

シリルの本気がこもる一本。「シードル ブリュット」「ディス サイダー アップ」に比べ軽めのカジュアルな味わいなので、クラフトビールのように味わって飲みたい。スペアリブやバッファローウィングなど甘辛くスパイシーな肉料理と相乗効果がある。

アルコール度数	5%
泡の多さ	●●●○○○
価格目安	750mℓ　3000円前後
相性のいい料理	肉こってり
問合せ	W P182 ⑥

ドメーヌ・デュ・フォール・マネル

キュヴェ・シレックス

Domaine du Fort Manel
Cuvée SILEX

シレックス（石灰土壌）で育てられたりんごを使用。「パー・ナチュール」同様に10ヶ月以上熟成され、ふくよかなボディだが、タンニンはやさしく控えめ。ピーチを思わせる香りもさわやかで、甘みと酸味のバランスが絶妙。幅広い料理に合う。

アルコール度数	4.5%
泡の多さ	●●●○○○
価格目安	750mℓ　2600円前後
相性のいい料理	肉こってり
問合せ	ヴァンクゥール P182 ⑧

※試飲は2014年ヴィンテージ

ドメーヌ・デュ・フォール・マネル

シードル・ブリュット・パー・ナチュール

Domaine du Fort Manel
Cidre Brut par Nature

伝統的な製法にこだわり、大樽や瓶内で10ヶ月以上熟成。フルーティさと同時に燻したような香りが口中に広がり、丸みのある酸味に加えて、りんご酢の風味、やわらかい苦味も感じ、繊細なタンニンが味を引き締める。ナチュラル特有の風味が際立つ。

アルコール度数	5.5%
泡の多さ	●●○○○○
価格目安	750mℓ　2800円前後
相性のいい料理	魚介あっさり　魚介こってり
問合せ	ヴァンクゥール P182 ⑧

※試飲は2014年ヴィンテージ

ル・ペール・ジュル

ポワレ

Le Père Jules
Poire

ノルマンディ地方の小さな畑で育てられた洋なしを使用。洋なしらしい華やかな香りとスーッとした清涼感のある酸味、穏やかな炭酸が心地よい。すっきりとしたほのかな甘味で乾杯にも最適。

アルコール度数	4%
泡の多さ	●●●○○○
価格目安	750mℓ　2100円前後
相性のいい料理	魚介あっさり
問合せ	BMO／片岡物産 P182 ⑨

ル・ペール・ジュル

シードル・ブリュット

Le Père Jules
Cidre Brut

約40種類の完熟りんごをブレンド。自然酵母で発酵させ、瓶内でも発酵が続く。特有の酵母の香りを感じるが、りんごの甘味や渋味がしっかりと効いた、バランスのいいノルマンディらしい味。

アルコール度数	5%
泡の多さ	●●●○○○
価格目安	750mℓ　1900円前後
相性のいい料理	チーズ濃
問合せ	BMO／片岡物産 P182 ⑨

ル・セリエ・アソシエ

ラ・ブーシュ・オン・クール シードル・ドゥー

Les Celliers Associes
La Bouche en Coeur
Cidre Doux

低アルコールの甘口ながら、花やりんごの蜜のような香りが満ち、フレッシュな口当たり。後味もすっきり。ジュースのような軽やかさで明るいうちからの乾杯にも最適。ムール貝とも好相性！

アルコール度数	2%
泡の多さ	●●●○○○
価格目安	250mℓ　400円前後 750mℓ　900円前後
相性のいい料理	魚介あっさり　チーズ淡
問合せ	オーバーシーズ P182 ⑩

ル・セリエ・アソシエ

ラ・ブーシュ・オン・クール シードル・ブリュット

Les Celliers Associes
La Bouche en Coeur
Cidre Brut

りんご本来の風味が広がる王道的な味わい。甘味、酸味、渋味のバランスもよく飲みやすい。甘みはあるが、紅茶のような枯れた味わいもあり、後味もよい。ハムとチーズのガレットとともに。

アルコール度数	5%
泡の多さ	●●●○○○
価格目安	750mℓ　900円前後
相性のいい料理	肉あっさり　チーズ淡
問合せ	オーバーシーズ P182 ⑩

ロミリー果樹園

シードル エクストラドライ

Fermier de Romilly
Cidre Brut Amertume

わら草のような香り。ライトな味わいながら、しっかりとしたタンニン感・渋味があり、バランスがよい。ヤギのチーズなど個性の強いチーズ、ガレット、肉料理を支えてくれるシードル。

アルコール度数	5.5%
泡の多さ	●●●●●○
価格目安	750mℓ　1400円前後
相性のいい料理	肉あっさり　チーズ淡　ナッツ・フルーツ
問合せ	メゾンドノルマンディー P182 ⑦

クリスチャン・ドルーアン社

クリスチャン・ドルーアン シードル・ブリュット

Christian Drouin
Cidre Brut

伝統的製法に基づく低圧搾により、りんごの旨み部分だけを抽出。淡い金色の見た目通り、甘くやさしいりんごの芳香が豊か。りんごのもつ渋みや蜜の甘みが活かされ、素直でエレガントな味わい。

アルコール度数	4.5%
泡の多さ	●○○○○○
価格目安	750mℓ　2300円前後
相性のいい料理	チーズ淡
問合せ	明治屋 P182 ⑪

ドメーヌ・ド・コクレル

シードル・ブリュット

Domaine du Coquerel
Cidre Brut

1937年創業、家族で営む伝統的な醸造所。甘味は淡いが、タンニン感があるため、骨格がしっかりしている印象。食欲をそそる。ノンフィルターでボトリングしており、澱が溜まる場合も。

アルコール度数	4.5%
泡の多さ	●●●●●○
価格目安	750mℓ　1100円前後
相性のいい料理	肉あっさり　肉こってり　チーズ淡
問合せ	トゥエンティーワンコミュニティ P182 ⑬

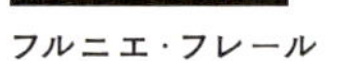

フルニエ・フレール

フルニエ・シードル・ドゥ

Fournier Freres
Cidre Doux

パリ農業コンクールにて、2013年と2014年に2年連続金賞受賞。最高の土壌で育てた自社農園のりんごのみを使用。甘味がしっかりあり、タンニンの引き締まった味わい。後味のキレも◎。

アルコール度数	2.5%
泡の多さ	●●●●●●
価格目安	750mℓ　1400円前後
相性のいい料理	肉あっさり　チーズ淡
問合せ	ヴィノスやまざき P182 ⑫

デュッシェ・ド・ロングヴィユ社

シードル・アントワネット

Duche de Longueville
Cidre Antoinette

甘味 / 酸味 / 渋味 M

「アントワネット」というりんごの品種だけを使っており、濃密なりんごの蜜の香りがありながらシャキッと引き締まった味わい。拍手ものの完成度の高さ！　魚介のテリーヌやムール貝とともに。

アルコール度数	5%
泡の多さ	●●●●●○
価格目安	750mℓ　1600円前後
相性のいい料理	魚介あっさり　肉あっさり　チーズ淡
問合せ	伏見ワインビジネスコンサルティング P182 ⑮

エキュソン

ラ・キュヴェ・デュ・フルニル・ブリュット

Ecusson
La Cuvée Du Fournil Brut

甘味 / 酸味 / 渋味 M

製造元「シードルリー・デュ・カルヴァドス・ラ・フェルミエール社」は、シードルとカルヴァドスの分野ではフランス第2位の生産量を誇る。梅酒のようなニュアンスがあり、エレガントな印象。

アルコール度数	4.5%
泡の多さ	●●●●○○
価格目安	750mℓ　1200円前後
相性のいい料理	肉あっさり　チーズ淡
問合せ	重松貿易 P182 ⑭

COLUMN ❶

シードルの魅力に浸れるシードル街道へ

ノルマンディのカンとリジューを結ぶ道が、シードル街道（Route de Cidre）と呼ばれています。道沿いに、シードルやカルヴァドスをつくるりんご農家やレストランなどが点在し、シードルを試飲したり、購入したりできるところも。りんご畑や牧草地が広がるのどかな田園風景も魅力です。

道沿いに立つ看板。10月下旬には道沿いの村々で、シードル祭りが開かれる

ラ・シュエット

ラ・シュエット

La Chouette
La Chouette

甘味 / 酸味 / 渋味 M

フランス産のりんごのストレート果汁でつくられ、香料や着色料は一切不使用。わずかなカラメルの風味を感じる蜜感溢れる味わい。レーズンやプルーンなど重めのドライフルーツとよく合う。

アルコール度数	4.5%
泡の多さ	●●●●○○
価格目安	330mℓ　600円前後
相性のいい料理	肉あっさり　ナッツ・フルーツ
問合せ	ビア・キャッツ P182 ⑯

シードル ヴァル・ド・ランス

シードル ヴァル・ド・ランス オーガニック 中辛口

Cidre Val de Rance
Biologique

有機栽培のりんごを100%使用。煮詰めたりんごジャムのような甘い香りだが、味わうと甘さは感じられない。ふくよかな旨みの中に力強い苦味があり、ドライでさっぱりとした中辛口。ステーキやローストビーフ、豚肉のグリルなどに合わせたい。

アルコール度数	4%
泡の多さ	●●○○○○
価格目安	250mℓ 650円前後 750mℓ 1500円前後
相性のいい料理	肉こってり
問合せ	ル・ブルターニュ P182 ⑰

シードル ヴァル・ド・ランス

シードル ヴァル・ド・ランス クリュ・ブルトン 辛口

Cidre Val de Rance
Cru Breton Brut

ブルターニュ産りんごを100%使用。りんごの香ばしい蜜の風味が濃厚だが、かすかに伝統製法らしい土っぽさも感じる。口に含むとまず果実感が主張するが、甘さは控えめ。次の瞬間、苦味とタンニンが広がり、ドライできりっとしたのど越しが楽しめる。

アルコール度数	5%
泡の多さ	●●○○○○
価格目安	250mℓ 600円前後 750mℓ 1300円前後
相性のいい料理	肉あっさり　チーズ濃
問合せ	ル・ブルターニュ P182 ⑰

シードル ヴァル・ド・ランス

プレスティージュ シードル ギルヴィック

Cidre Val de Rance
Cidre de Prestige Guillevic

ブルターニュ地方特有の希少なギルヴィック種という青りんごのみを使用。レモネードのようなさわやかで甘い香り。酸味や渋味とのバランスもよく、フレッシュな味わいで飲みやすい。クリーム系チーズとクラッカーなどと合わせて気軽に楽しめる。

アルコール度数	2.5%
泡の多さ	●●○○○○
価格目安	750mℓ 1600円前後
相性のいい料理	チーズ淡
問合せ	ル・ブルターニュ P182 ⑰

シードル ヴァル・ド・ランス

シードル ヴァル・ド・ランス クリュ・ブルトン 甘口

Cidre Val de Rance
Cru Breton Doux

ハチミツ、煮詰めたりんごジャムなどを思わせる、コクのあるやさしい甘みが広がる。その中にほんのり感じられるウコンのような苦味と渋みが味を引き締め、低アルコールで飲みやすい。プリンや塩キャラメルなど、カラメル系のスイーツと一緒に。

アルコール度数	2%
泡の多さ	●●○○○○
価格目安	250mℓ 600円前後 750mℓ 1300円前後
相性のいい料理	スイーツ
問合せ	ル・ブルターニュ P182 ⑰

CSR

ボレ・ダルモリック・ドゥ

CSR
Bolée d'Armorique Doux

香り高く、やさしくまろやかな甘みで、食後酒またはスイーツと合わせて楽しみたい一本。わずかに渋みがあるが、酸味や苦味はほぼ感じられず、いわゆるシードルらしい味といえる。オレンジピールやハチミツをかけたブルーチーズなどとも好相性。

アルコール度数	2%
泡の多さ	●●●○○○
価格目安	750mℓ　1000円前後
相性のいい料理	ナッツ・フルーツ　スイーツ
問合せ	ユニオンリカーズ P182 ⑱

CSR

ボレ・ダルモリック・ブリュット

CSR
Bolée d'Armorique Brut

りんごらしい甘い香りが前面に出て、舌先でも甘みを感じるが、のどを通った後にはすっきりとクリアな味わいに。ブルターニュ地方のスタンダードというイメージで、ハムとチーズのガレットとは鉄板の相性。カジュアルにもフォーマルにも対応できそう。

アルコール度数	5%
泡の多さ	●●●○○○
価格目安	330mℓ　500円前後 750mℓ　1000円前後
相性のいい料理	肉あっさり
問合せ	ユニオンリカーズ P182 ⑱

ル・セリエ・ド・ボール

シードル・フェルミエ・ドゥミセック

Le Cellier de Boäl
Cidre Fermier Demi Sec

自然醸造だが、途中で発酵を止めて瓶詰めすることで甘口に。ハニートーストやかすかなバター風味の香りを感じながら、ジューシーな果実感とやわらかな甘味を楽しめる。酸化防止剤無添加。

アルコール度数	4%
泡の多さ	●●●○○○
価格目安	330mℓ　800円前後 750mℓ　1300円前後
相性のいい料理	スイーツ
問合せ	ディオニー P182 ⑲

ル・セリエ・ド・ボール

シードル・フェルミエ・ブリュット

Le Cellier de Boäl
Cidre Fermier Brut

自家栽培のブルターニュ産りんごのみ。4ヶ月間の発酵後、酸化防止剤無添加で瓶詰した辛口。蜜のような香りが濃厚で一瞬甘く感じるが、ほどよく効いた渋味で、さっぱりとした後味に導く。

アルコール度数	5.5%
泡の多さ	●●●●●○
価格目安	330mℓ　800円前後 750mℓ　1300円前後
相性のいい料理	チーズ淡
問合せ	ディオニー P182 ⑲

ル・ブラン

シードル・アルティザナル・ビオロジック

Le Brun
Cidre Artisanal Biologique

最初は、雨上がりの草原を思わせるビオらしい香りを感じるが、あとから青りんごのような果実感が広がり、独特のクセがやわらぐ。甘味、酸味、渋味もしっかりと主張し、そのバランスも見事。

アルコール度数	4%
泡の多さ	●●●○○○
価格目安	750mℓ　1600円前後
相性のいい料理	チーズ濃
問合せ	サンリバティー P182 ㉑

ル・ブラン

シードル・アルティザナル・ビグーダン

Le Brun
Cidre Artisanal Bigouden

無農薬で栽培しているビグーダン地区の完熟りんごのみ使用。口に含むと渋味と苦味がダイレクトに伝わり、舌にざらつきが残る。甘さ控えめでドライなので、ビール感覚で取り入れたい。

アルコール度数	5.5%
泡の多さ	●●●●●○
価格目安	750mℓ　2000円前後
相性のいい料理	魚介こってり
問合せ	出水商事 P182 ⑳

ラ・シードルリー・デュ・ゴルフ

プティ・キュヴェ

La Cidrerie du Golfe
P'tite Cuvée

Golfeはフランス語で「湾」を意味。ブルターニュ沿岸モルビアン湾近くでつくられており、りんご畑は無農薬、無化学肥料、無除草剤。酸の強い青りんご品種のギルヴィックを使用し、甘酸っぱい果実感が楽しめ、リッチな風味も。美しい黄金色。

アルコール度数	4.5%
泡の多さ	●●●●●●
価格目安	750mℓ 2200円前後
相性のいい料理	肉あっさり 魚介あっさり
問合せ	ディオニー P182 ⑲

シードルリー・ユビー

ヴァレ・ド・メル ドゥミセック

Cidrerie HUBY
Vallée du Mel

ブルターニュでも数少ない「フェルミエ」（自社農園で収穫したりんごで醸造する生産者）で、高い評価を集める。甘味があり、豚肉料理をはじめ、焼き鳥や鴨とも相性がいい。2013年、ブルターニュ地方議会主催農業コンクールにて銅賞受賞。

アルコール度数	5.5%
泡の多さ	●●●○○○
価格目安	750mℓ 1600円前後
相性のいい料理	肉あっさり 肉こってり チーズ淡
問合せ	カルネ・グルモン P182 ㉒

ドメーヌ・ジュリアン・チュレル

シードル・キュヴェ・ネクター（ドゥミ・セック）

Domaine Julien Thurel
Cidre Tendre Cuvée Nectar

アヴロル、ロカールの2品種を使用し、木樽で発酵・熟成。りんごのピュアな甘い香りが漂う。ふくよかな甘味とともに酸味や渋味もバランスよく、軽やかでジューシーな味わい。食後にデザートを引き立ててくれるほか、単体でも十分な存在感がある。

アルコール度数	4.5%
泡の多さ	●●●○○○
価格目安	750mℓ　2200円前後
相性のいい料理	チーズ淡　ナッツ・フルーツ
問合せ	ラフィネ P182 ㉓

ドメーヌ・ジュリアン・チュレル

シードル・キュヴェ・シャンペートル（セック）

Domaine Julien Thurel
Cidre Brut Cuvée Champêtre (sec)

樹齢100年以上の果樹でとれた糖度の高い品種を使用。木樽での発酵・熟成期間がやや長めで、わずかにスモーキーさもある。口中で膨らむ豊潤な甘味に穏やかな渋味が加わり、さっぱりとした甘味に。3〜10年かけて熟成させて楽しむのもいい。

アルコール度数	5%
泡の多さ	●●●○○○
価格目安	750mℓ　2200円前後
相性のいい料理	肉あっさり　ナッツ・フルーツ
問合せ	ラフィネ P182 ㉓

ヴェルジュ・ドゥ・ラ・カフェニエール

シードル・デミセック・オール

Vergers de la Caffinière
Cidre Demi-sec OR

香ばしいりんご、若々しいオーク樽など果実感あふれる豊かな香り。タンニンや苦味は控えめで、バランスのいい甘酸っぱさ。搾汁したりんご果汁を自然発酵し、濾過を経て瓶詰めしているためすっきり。魚介の料理や揚げ物など、幅広い料理と合いそう。

アルコール度数	4%
泡の多さ	●●●○○○
価格目安	750mℓ　2400円前後
相性のいい料理	魚介あっさり　ナッツ・フルーツ
問合せ	マガザン ビオ・シードル P182 ㉔

ドメーヌ・ジュリアン・チュレル

シードル・エキノクス（ドゥミ・セック）

Domaine Julien Thurel
Cidre Equinoxe

美しい深みのある黄金色。その見た目通り、加熱したりんごや蜜を思わせる豊潤な香りも心地よい。濃厚な甘味を感じるリッチでエレガントな味わいだが、タンニンや酸のバランスがよく、甘さをキュッと切ってくれる。熟成させて楽しむのもおすすめ。

アルコール度数	7%
泡の多さ	●●●○○○
価格目安	750mℓ　3000円前後
相性のいい料理	チーズ濃　チーズ淡　スイーツ
問合せ	ラフィネ P182 ㉓

ドメーヌ・ボルダット

バサンドル

Domaine Bordatto
Basandere

19種類のバスク産りんごをステンレスタンクで2ヶ月間発酵後、瓶内で3ヶ月熟成し、濾過。りんごとハーブが香る清涼感。すっきりと引き締まった口当たりで、甘味と酸味のバランスもいい。

アルコール度数	6.5%
泡の多さ	●●●●○○
価格目安	750mℓ　1800円前後
相性のいい料理	肉あっさり
問合せ	ディオニー P182 ⑲

ドメーヌ・ボルダット

バサジュン

Domaine Bordatto
Basa Jaun

19種類のバスク産りんごをステンレスタンクで6ヶ月間発酵後、瓶内で3ヶ月熟成し、濾過。ビネガーのような酸味と心地よい苦味が味を引き締める。やさしい甘さの辛口で、肉料理におすすめ。

アルコール度数	7%
泡の多さ	●○○○○○
価格目安	750mℓ　1800円前後
相性のいい料理	肉あっさり
問合せ	ディオニー P182 ⑲

COLUMN 2

シードルに合わせたい ガレットを手づくり

冷凍のガレット生地も売っていますが、そば粉が手に入れば、自分でつくるのも意外と簡単です。まず、ボウルにそば粉250g、卵1個を割り入れます。塩小さじ1を加えて混ぜ合わせたあと、水100mℓ、牛乳500mℓを少しずつ加えながらダマがなくなるまで、泡立て器で混ぜ合わせます。次に、フライパンを中火で熱したら、濡れぶきんの上で粗熱を取ります。再びフライパンを火にかけて適量のバターを溶かし、ボウルで混ぜ合わせたタネをお玉1杯分、流し入れます。フライパンを回して生地を平らに伸ばし、表面に空気穴が出てきたら返して、裏面も焼いたら完成です。

エスティガ

シードル・ド・トラディション・バスク

Eztigar
Cidre de Tradition Basque

バスク地方のローカル品種のりんご7種類をブレンドし、バスクの伝統的な味を目指した。無濾過ならではのりんごの甘味と酸味が主張しつつ、いいバランスで溶け合っている。食中酒にも最適。

アルコール度数	5%
泡の多さ	●●●○○○
価格目安	750mℓ　2000円前後
相性のいい料理	肉あっさり　魚介あっさり
問合せ	いろはわいん P182 ㉕

UNITED KINGDOM

イギリス

世界のシードルの半分近くを生産・消費しているイギリス。現地では「サイダー」と呼ばれ、街中のコンビニにも置かれているほど、身近な飲み物です。近年はワイナリーによる醸造も増え、エレガントな味わいのサイダーも登場しています。

ヘレフォードシャー州

17世紀、この州の領主であるジョン・スクダモアがフランスで飲んだサイダーに感激し、地元で広めたのが始まり。農産品の商取引の中心地として知られており、りんごの栽培でも有名。長い間サイダーづくりの牽引役としての中心的役割を果たしてきた。

アイルランド

NORTH ATLANTIC

ウスターシャー州

サフォーク州

ロンドン

ケント州

デヴォン州

コーンウォール州

ドーセット州

グロスターシャー州

ウェールズ

北に山あり、西に海ありの風光明媚な土地。水がきれいで、黒ビールも有名。ローカル色の強いブルワリーが多く、「アップル・カウンティ・サイダー」もその一つ。アレルギーでビールが飲めないオーナーが、最高のサイダーを目指してサイダーをつくっている。

サマセット州

良好な気候と土壌で、りんごづくりに適した地。サイダーづくりでとくに有名な、イングランド南西部「サイダー・ランド」と呼ばれる地域に位置する。野外ロックフェス「グラストンベリー・フェスティバル」では、シードルが欠かせない飲み物となっている。

「ワンス・アポン・ナ・ツリー」の果樹園。約10haもの広さがあるが、生産量が追い付かず、少しずつ畑を拡張中

世界最高の生産量を誇ると同時に、世界最大のコマーシャル・ブランドをもつ国。シードルはローマ人とともにイギリスに入り、ローマ人とともに歴史から消えたとされています。フランスのノルマンディでシードル文化が確立されていたことを根拠に、ノルマン人がシードルをイギリスに再度持ち込んだという説もあります。

その後、中世までワインが主流でしたが、13世紀頃、生産国のフランスとドイツでは、平均気温が低下してぶどうの木が減少。イングランドではワインをフランスに頼り始めますが、フランスとの戦争時に代替品を探してシードルを庇護。15、16世紀にりんごの木が植えられ、現在ではさまざまな地域で、サイダーづくりが広く行われています。

1.ビールのタップの中にシードルも並ぶ　2.緑豊かな農園で育てられた、搾りたてのりんご100%を使う「アップル・カウンティ・サイダー」

シェピーズの博物館に残る1934年のシードル品評会のポスター

FUJII MEMO

タップでさまざまなサイダーを楽しむ英国スタイル

大きなパイントグラスになみなみと注がれたサイダー。英国サイダーの定番スタイルだが、その味わいはさまざまだ

イギリスのパブに行くと、必ずといっていいほどビールのほかにサイダーのタップがカウンターに並んでいる。「サイダーの街」と呼ばれるヘレフォードとブリストルのほか、ロンドン、カンタベリーなど多くの地域で5タップ以上の個性豊かなサイダーが楽しめる。サイダージャーナリストのビル・ブラッドショー氏が教えてくれた「Wassail!（ワッセイル）」は、りんごの豊作を祈る催事名であり、サイダーの乾杯のかけ声でもある。そのかけ声とともに英国サイダーの宴は始まるのだ。

自社農園ドラゴン・オーチャードのりんごを使用

1. りんごは機械で一気に収穫され、手作業で確認しながら、使用するりんごを選別する
2. （左から）ステイナー夫妻とデイ夫妻

ヘレフォードシャー州

ワンス・アポン・ナ・ツリー

Once Upon a Tree

二人の出合いから生まれた革新的な銘柄

アメリカ、ニュージーランド、オーストラリアでワインづくりの経験を積んだサイモン・デイ氏と、約90年近く4世代にわたって果樹園を継ぎ、伝統的な方法でりんごと洋なしを栽培してきたノーマン・ステイナー氏が立ち上げた。サイモンの醸造技術を元に、シャンパーニュ製法でサイダーとペリーを製造。通常、原料となるりんごは20種ほどのところ、6種に絞ってつくり分けている。

http://www.onceuponatree.co.uk/

りんごの搾りかすが飼料となり、よい循環が生まれている

サマセット州

シェピーズ

Sheppy's

200年の歴史を持ち 伝統と最新技術を融合

200年以上にわたって伝統的なサイダーをつくり続ける、イギリスで2番目に古いサイダリー。りんごの皮に付着する自然酵母で発酵させるといった伝統を守るだけでなく、増え続ける高品質なシードル需要にあわせて設備投資を行い、現代の最新技術を融合。上質なクラフトサイダーをつくり続けている。併設のレストランは、サマセット産の食材の料理とサイダーを楽しめる最高の場所。

http://www.sheppyscider.com/

1.醸造所には、レストラン、ティールーム、サイダー博物館なども併設　2.スタッフの技術力は高く、自国でも世界でも多数の賞を受賞　3.自社でもりんごを栽培

ウェールズ

アップル・カウンティ・サイダー

Apple County Cider Co

手塩にかけて育てた 単一品種のりんごで醸す

1969年に設立したりんご農園で、2014年より、夫妻と幼い息子の3人でサイダーづくりをスタートした。りんごは家族で育んだ農園から最良のものを厳選して使用している。多くのサイダーが多種のりんごを使うのに対し、すべてのサイダーを単一のりんご品種にて醸造。そこには、ワイン醸造に対する畏敬の念が込められており、りんごの各品種の特徴を生かし、表現することに努めている。

http://applecountycider.co.uk/

1.約50年の歴史をもつりんご農園　2.夫のベンと妻のステフ　3.単一品種でつくるサイダー。日本ではドライ、ミディアム、スイートの3種が定番

ワンス・アポン・ナ・ツリー

チャペル・プレック ドライ・スパークリング・ペリー

Once Upon A Tree
Chapel Pleck Dry Sparkling Perry

数種の洋なしをブレンドし、瓶内二次発酵で3年熟成。白い花、グレープフルーツを連想させる華やかな香り、輪郭のあるさわやかさとほのかな苦味が味わいを引き締め、エレガントな余韻が続く。セレブレーションドリンクにもぴったり。

アルコール度数	7%
泡の多さ	●●●○○○
価格目安	750mℓ　3500円前後
相性のいい料理	肉あっさり
問合せ	ワイン・スタイルズ P182 ㉖

ワンス・アポン・ナ・ツリー

カーペンターズ・クロフト ドライ・スパークリング・サイダー

Once Upon A Tree
Carpenter's Croft Dry Sparkling Cider

瓶内二次発酵のシードル。搾ったリッチな果実のニュアンスに、クローブの風味が広がる。余韻に感じる苦味も心地よく、タンドリーチキンのようなスパイシーな料理やフィッシュ＆チップスなどを合わせて、グビグビ飲みたい一本。

アルコール度数	7.5%
泡の多さ	●●●●●○
価格目安	750mℓ　3500円前後
相性のいい料理	肉こってり　魚介あっさり
問合せ	ワイン・スタイルズ P182 ㉖

ワンス・アポン・ア・ツリー

プットリー・ゴールド ミディアム・スティル・サイダー

Once Upon A Tree
Putley Gold Medium Still Cider

完熟のダビネットのほか、3種類のりんごを使い、3〜4ヶ月かけて発酵させたスティルサイダー。完熟パインやカラメル色に炒めたりんごのような甘い香りだが、甘さは控えめの中辛口。

アルコール度数	6.5%
泡の多さ	○○○○○○ なし
価格目安	750mℓ　2100円前後
相性のいい料理	エスニック
問合せ	ワイン・スタイルズ P182 ㉖

※数量限定

ワンス・アポン・ア・ツリー

マークル・リッジ ドライ・スティル・サイダー

Once Upon A Tree
Marcle Ridge Still Dry Cider

3〜4ヶ月かけてゆっくりと発酵させたスティルサイダー。スモーキーさが感じられ、まるでシングルモルトのよう。舌にざらつくような渋味、スパイシーさが主張し、キレのある酸が心地よい。

アルコール度数	6.5%
泡の多さ	○○○○○○ なし
価格目安	750mℓ　2100円前後
相性のいい料理	エスニック
問合せ	ワイン・スタイルズ P182 ㉖

※数量限定

ワンス・アポン・ア・ツリー

プリグルス・ペリー

Once Upon A Tree
Priggles Perry

若々しい緑とともに、ハチミツのような香り。最初は甘味を感じるが、追いかけるようにやわらかな酸味が広がり、やさしい甘酸っぱさへと変化する。クセがあまり強くないブルーチーズなどと。

アルコール度数	6%
泡の多さ	○○○○○○ なし
価格目安	750mℓ　2100円前後
相性のいい料理	野菜　チーズ濃
問合せ	ワイン・スタイルズ P182 ㉖

※数量限定

ワンス・アポン・ア・ツリー

キングストン・レッドストリーク ミディアム・スティル・サイダー

Once Upon A Tree
Kingston Redstreak
Medium Still Cider

キングストン・ブラック、サマセット・レッドストリークの2種のりんごをブレンド。雨の日の田園を思わせる香りの中に熟したメロンも。甘味をやわらかな酸味が包み込む。余韻はスパイシー。

アルコール度数	6.5%
泡の多さ	○○○○○○ なし
価格目安	750mℓ　2200円前後
相性のいい料理	エスニック
問合せ	ワイン・スタイルズ P182 ㉖

※数量限定

ヘニーズ

ヴィンテージ・スティル・サイダー

Henney's
Vintage Still Cider

甘味 酸味 渋味
TYPE M

単一収穫年のりんごのみでつくるスティルサイダー。その年の特徴を際立たせるため、ゆっくりとプレスし、自然味を大事にあえて発泡をせずにつくられる。晩夏のアプリコットのような複雑味のある酸味。ヤギのチーズやラム肉とともに。

アルコール度数	6.5%
泡の多さ	○○○○○○ なし
価格目安	500mℓ　1500円前後
相性のいい料理	肉あっさり　野菜　チーズ淡
問合せ	ワイン・スタイルズ P182 ㉖

※試飲は2015年ヴィンテージ

ヘニーズ

イングランズ・プライド ミディアム・サイダー

Henney's
England's Pride Medium Cider

マイク・ヘニー氏が、良質なりんごを栽培するヘレフォードシャー州の果樹園とコラボレーションし、1996年より生産を開始。「シンプルに丁寧に」を信条にすべての作業を手がける。ヘニーズの中では中辛口で、ドライタイプより若干甘く軽い発泡。

アルコール度数	6%
泡の多さ	●●○○○○
価格目安	500mℓ　1300円前後
相性のいい料理	肉あっさり　魚介あっさり　魚介こってり
問合せ	ワイン・スタイルズ P182 ㉖

ヘンリー・ウェストンズ

ビンテージ・ミディアムドライ

Henry Westons
Medium Dry Vintage Cider

オーク樽の香りとまろやかな風味。酸・甘・渋の味わい、りんごのアロマが絶妙。照り焼きのチキンやポークソテーなど濃厚な肉料理とも相性がよく、さまざまなシーンで楽しめる万能なサイダー。

甘味 酸味 渋味 M

アルコール度数	6.5%
泡の多さ	●●●○○○
価格目安	500mℓ　1200円前後
相性のいい料理	肉こってり　チーズ淡　チーズ濃
問合せ	FULL MONTY imports P182 ㉗

ヘンリー・ウェストンズ

ビンテージ・リザーブ

Henry Westons
Vintage Cider Oak Aged

125年以上の伝統を誇る醸造元のラインナップの中でも、一線を画す特別熟成。200年経つオーク樽で寝かせ、その年最高級ビンテージとしてセレクトされた。ミートソースやピザとぜひ。

甘味 酸味 渋味 F

アルコール度数	8.2%
泡の多さ	●●●○○○
価格目安	500mℓ　1200円前後
相性のいい料理	肉こってり　チーズ濃
問合せ	FULL MONTY imports P182 ㉗

ブラック・ラット・サイダー

ナチュラル・ドライ・アップル・サイダー

Black Rat Cider
Natural Dry Apple Cider

年間50万缶という小規模生産で、りんご本来の風味を生かすべく、低温殺菌法を採用せず、無添加で製造。ボディ感のインパクトはあるが、キレがよく、フレッシュなアロマと爽快感は抜群！

甘味 酸味 渋味 L

アルコール度数	4.7%
泡の多さ	●●●○○○
価格目安	500mℓ　500円前後
相性のいい料理	肉あっさり　肉こってり　エスニック
問合せ	FULL MONTY imports P182 ㉗

ヘンリー・ウェストンズ

ライトボディ・ミディアム・スィート

Henry Westons
Medium Sweet Vintage Cider

ライトボディながら、やさしいフルーティな甘さが感じられる中甘口。香りは草花を思わせる淡さ。カジュアルな飲み口で、温野菜、チーズや乳製品を使ったクリーミーな料理にもよく合う。

甘味 酸味 渋味 L

アルコール度数	4.5%
泡の多さ	●●●○○○
価格目安	500mℓ　1200円前後
相性のいい料理	野菜　チーズ淡　チーズ濃
問合せ	FULL MONTY imports P182 ㉗

シェピーズ

ヴィンテージ・リザーブ

Sheppy's
Vintage Reserve

オーク樽で寝かせて仕上げてあり、軽やかな果実味とほどよいタンニン感。「クラシック・ドラフト」に比べ、軽く苦味が増した分、大人な味わいに。ヴィンテージならではの芳醇な飲み心地に酔える。自社畑でその年に獲れたりんごを使用。

アルコール度数	7.4%
泡の多さ	●●○○○○
価格目安	500mℓ　1200円前後
相性のいい料理	肉あっさり　肉こってり　チーズ濃
問合せ	FULL MONTY imports P182 ㉗

シェピーズ

クラシック・ドラフト

Sheppy's
Classic Draught

200年以上の伝統のある醸造所で、英国のブランドの中でも高品質のサイダーを生産していることで知られる。甘味の少ないサイダーアップルとまろやかなデザートアップルを使用。やさしく穏やかな味わいで、ブルーチーズを使った料理との相性抜群。

アルコール度数	5.5%
泡の多さ	●●○○○○
価格目安	500mℓ　1200円前後
相性のいい料理	肉あっさり　魚介あっさり　チーズ濃
問合せ	FULL MONTY imports P182 ㉗

コーニッシュ・オーチャード

ファームハウス・サイダー

Cornish Orchards
Farmhouse Cider

イングランド南西部コーンウォール州にある伝統的な果樹園のりんごを使用。重厚感のある、煮詰めたようなりんごの甘い香りが広がる。口中でもまず甘さが来るが、酸味が重なるように続き、舌先で感じる渋味の余韻が残るため、すっきりと楽しめる。

アルコール度数	5%
泡の多さ	●○○○○○
価格目安	330mℓ　500円前後 500mℓ　800円前後
相性のいい料理	魚介あっさり　チーズ淡
問合せ	ワインショップ西村 P182 ㉘

シェピーズ

キングストン・ブラック

Sheppy's
Kingston Black

「キングストン・ブラック」という単一品種で醸された、超ドライな飲み口。現在ではほとんど栽培されていない古く貴重な品種である。渋味のバランスもよく、エッジの効いたシャープさが持ち味。エレガントな自然酵母の香りが秀逸。

アルコール度数	7.2%
泡の多さ	●●○○○○
価格目安	500mℓ　1200円前後
相性のいい料理	肉あっさり　魚介あっさり　チーズ濃
問合せ	FULL MONTY imports P182 ㉗

アスポール

オーガニック・サイダー

Aspall
Organic Cyder

アスポール社の1700年代当初のオリジナルスタイルに最も近い味わいで、同社の他のサイダーと比べてよりビタースイートな特徴が色濃く出ている。酸味に複雑さがあり、シシャモやサンマなど焼き魚の肝としっくり寄り添いそう。

アルコール度数	7%
泡の多さ	●●●○○○
価格目安	500mℓ　1200円前後
相性のいい料理	魚介こってり
問合せ	ホブゴブリン ジャパン P182 ㉙

アスポール

ドラフト・サフォーク・サイダー

Aspall
Draught Suffolk Cyder

1728年からつくり続けてられてきた、英国を代表するブランド。サイダーづくり275年を記念してつくられた。国産りんごを使用し、どこかミルキーな香り。唐揚げ、フィッシュ＆チップスに合わせて、ゴクゴク飲みたくなるほど軽やかな飲み口。

アルコール度数	5.5%
泡の多さ	●●○○○○
価格目安	500mℓ　1100円前後
相性のいい料理	肉こってり　魚介こってり　野菜
問合せ	ホブゴブリン ジャパン P182 ㉙

アスポール

インペリアル・ヴィンテージ・サイダー

Aspall
Imperial Vintage Cyder

同社の中では、1920年代に登場した比較的新しいサイダー。豊かなアロマが香り、口に含むとスイートな印象から豊潤で滑らかな味わいへ変化。余韻に苦味が追いかけてくる。フィニッシュの飲み口が、トンカツやソーセージと好相性。

アルコール度数	8.2%
泡の多さ	●●○○○○
価格目安	500㎖　1200円前後
相性のいい料理	チーズ淡　肉こってり　ナッツ・フルーツ
問合せ	ホブゴブリン ジャパン P182 ㉙

アスポール

プレミア・クリュ・サイダー

Aspall
Premier Cru Cyder

アスポール社を代表するサイダー。数々の名誉ある賞で「世界一のサイダー」と称された。派手な香りはなく、味わいは酸味と苦味がたち、リッチな余韻が続く。魚介のマリネやフリット、バターとレモン果汁をかけたソテーなどと相性抜群。

アルコール度数	7%
泡の多さ	●●○○○○
価格目安	330㎖　700円前後 500㎖　1200円前後
相性のいい料理	魚介あっさり　野菜
問合せ	ホブゴブリン ジャパン P182 ㉙

ペリーズ

バーンオウル

Perry's
Barn Owl

加熱した甘いりんご、りんごの倉庫や木をイメージするような、フランスのシードルを思わせる香り。甘味と渋味は控えめで、苦味が印象に残る。中辛口で、さまざまな料理と相性がよい。

アルコール度数	6.5%
泡の多さ	●○○○○○
価格目安	330mℓ　600円前後 500mℓ　800円前後
相性のいい料理	チーズ濃　ナッツ・フルーツ
問合せ	ワインショップ西村 P182 ㉘

ペリーズ

パフィン

Perry's
Puffin

濃厚な甘い蜜やりんご、樽などの豊潤なフレーバーだが、味わいは正反対。酸味が力強く、舌にざらつくようなタンニンが残る。かわいらしい鳥のエチケットとのギャップの大きさに驚く。

アルコール度数	6.5%
泡の多さ	●○○○○○
価格目安	330mℓ　600円前後 500mℓ　800円前後
相性のいい料理	肉こってり　チーズ濃
問合せ	ワインショップ西村 P182 ㉘

ペリーズ

ヴィンテージ

Perry's
Vintage

自然酵母を使い、木樽で熟成。蜜の香りとともに、オークや牧草も感じる。甘味があるが、舌のサイドで感じる渋味が心地よい。ジビエやラム肉などクセの強い肉料理とも好相性。

アルコール度数	7.2%
泡の多さ	●○○○○○
価格目安	330mℓ　600円前後 500mℓ　800円前後
相性のいい料理	肉こってり　チーズ淡　チーズ濃
問合せ	ワインショップ西村 P182 ㉘

ペリーズ

グレイヘロン

Perry's
Grey Heron

単一畑のレッドストリークとダビネットを使用。りんご本来のフレッシュな甘さとシャープなタンニンの両方のインパクトが強い、まさに甘渋。スイーツと合わせると相乗効果で味に厚みが出る。

アルコール度数	5.5%
泡の多さ	●○○○○○
価格目安	330mℓ　600円前後 500mℓ　800円前後
相性のいい料理	チーズ濃　ナッツ・フルーツ　スイーツ
問合せ	ワインショップ西村 P182 ㉘

アップル・カウンティー・サイダー

ミディアム・ダビネット

Apple County Cider Co.
Medium Dabinett

「ダビネット」というりんご品種を使用。ライトゴールドの美しい色味。味のバランスが秀逸で、エレガントさと穏やかな野性味を併せもつ。とてもキレがよく、シーンや料理を選ばずに楽しめる。

アルコール度数	6.5%
泡の多さ	●○○○○○
価格目安	330mℓ　600円前後
相性のいい料理	肉あっさり　肉こってり
問合せ	キムラ P182 ㉚

アップル・カウンティー・サイダー

ミディアムドライ・ヴェルベリエ

Apple County Cider Co.
Medium Dry Vilberie

軽い苦味が特徴のりんご品種「ヴェルベリエ」を厳選し、ニガヨモギのような心地よい苦味、さわやかな甘さ、タンニン感が広がる味わいに仕上げている。小魚のフリットや魚介の燻製と合わせたい。

アルコール度数	6%
泡の多さ	●●○○○○
価格目安	330mℓ　600円前後
相性のいい料理	魚介あっさり　魚介こってり
問合せ	キムラ P182 ㉚

COLUMN 3

イギリスのシードルの祭典「ワッセイル！」

中世から続くシードルの祭りで、一時途絶えていましたが、近年各地で復活しています。「ワッセイル！」は「乾杯」という意味。旧暦のクリスマス12日目頃、りんごの木のまわりで歌い、踊り、「ワッセイル！」と叫びます。冬の眠りから木を目覚めさせて悪霊を追い払い、豊作を祈願するのです。

街の人々が集まり果樹園へ。儀式のあとは、シードルを飲んで盛り上がる

アップル・カウンティー・サイダー

ミディアム・スウィート・ヤーリントンミル

Apple County Cider Co.
Medium Sweet Yarlington Mill

2014年にサイダーづくりを開始。すべてのキュベは単一品種のりんごで醸造し、自社農園の最良のものを選んでいる。「ヤーリントンミル」という品種の特徴をいかしたほのかな甘味とタンニン。

アルコール度数	6%
泡の多さ	●○○○○○
価格目安	330mℓ　600円前後
相性のいい料理	ナッツ・フルーツ
問合せ	キムラ P182 ㉚

SPAIN
スペイン

アストゥリアス州

アストゥリアスの人々が1年に飲むシドラの量は、1人平均50ℓ以上といわれ、シドラ熱の高さは世界随一。地元産りんご100%でつくられたシドラのみ、「Sidra de Asturias（シドラ・デ・アストゥリアス）」と表示でき、りんご栽培や製造が厳しく管理されている。

フランス

マドリッド

ポルトガル

バスク地方

70軒以上のシドラ醸造所が集まるが、1種類のシドラをつくる小規模な家族経営が多い。シドラは栗の樽で保存され、一般に開放されている。美食の街で知られるサン・セバスチャンのバルでは、ワインと並びシドラの人気が高く、1月には、シドラ解禁祭「サガルド・エグーナ」が行われる。

NORTH ATLANTIC

スペイン北部のバスク山脈を越えた海側の地域は、夏は暖かくて湿度も高く、夜は朝晩の冷え込みが厳しい気候で、りんご栽培に適したエリア。シドレリアと呼ばれるシドラ専門バルがあるほど、シドラが地域に根付いています。

スペイン北部とシードルの関わりは2000年以上といわれ、長い歴史を誇ります。原生種に近い酸の強いりんご品種を使い、栗の樽で発酵・熟成させることで、キレのあるビネガーのような酸味が生まれるシドラ・ナチュラルを中心に、シドラ・スパークリング、りんごの味わいが濃縮されたアイスシドラなどもあります。

街中にはシドラ専門バルの「シドレリア」があり、アストゥリアス州ではエスカンシアールという独特の注ぎ方で提供されます。バスク地方はチョッチという注ぎ方で、樽から吹き出すシードルを直接グラスに注いで楽しみます。近年はアストゥリアス州に原産地呼称統制を認めるなど、シードルの伝統を大切にしようという動きが広がっています。

Photo by LA SIDRA

1.シドラを注ぐプロをエスカンシアドールと呼ぶ　2.アストゥリアスのヒホンの広場に立つ「シドラの木」。シドラの空き瓶でつくられている　3.バスク地方で行われているチョッチ

マヤドールを製造している「マニェル・ブスト・アマンディ」が契約するりんご畑。さまざまな品種を栽培し、ブレンドする

FUJII MEMO

アストゥリアスに根付くシドラへの誇り

アストゥリアス州のヒホンの街に着くと、大きなシドラの樽のモニュメントが迎えてくれる。わずかなうちにシドレリアを数軒発見でき、エスカンシアールのチャンピオンがいる店は昼から大賑い。ほとんどの客がシドラを楽しんでいる。チャンピオン直々にエスカンシアールの指導を受けたのは特別な思い出だ。

ホテルの冷蔵庫にあるシドラは飲み放題。ボトルには、「Asturiasへようこそ」と日本語で書かれたカードが添えられ、彼らの誇りと心遣いが伝わってきた。

「SISGA」というシドライベントは、スペインや海外の生産者が集まり、毎年シドラを囲んで大盛況

1.歴史がある生産者ながら、ボデガはすっきりと清潔感が漂う　2.りんごの洗浄や搾汁は、機械化され効率的に行われている

アスト ゥリアス州

マニェル・ブスト・アマンディ

Manuel Busto Amandi

世界中で親しまれている シドラの代表格

1939年創業。当初は、伝統的なシドラ・ナチュラルのみの製造だったが、2000年頃からはスパークリングシドラも開始。ほかにも、ノンアルコールのシドラやアップルビネガー、フレーバーアップルジュースなど、幅広い商品を手がけている。近代的な設備が整いながら、栗の木樽が並ぶボデガ（醸造所）もあり、伝統と革新を兼ね備えているのが特長。現在は、世界中の多くの国で飲むことができる。

http://mayador.com/

3・4.アストゥリアス州のりんごを使用。スイート、ビターなどさまざまな品種をブレンドしている　5.アストゥリアスにある大規模な工場。ここから世界へと運ばれる

1.レストランに併設された、チョッチを行う大樽。樽から出てくるシドラを直接グラスに注いで飲む
2.シドラには数種のりんごをブレンド

バスク地方

アスティアサラン

Astiazaran

代々受け継がれてきた手づくり感あふれるシドラ

バスク地方の小さな町・スビエタにある醸造所。もともとは家族のためにつくられていたシドラが、評判を呼び近所に振る舞われるようになり、やがてほかの人にも……と受け継がれ、現在は4代目となり創業約120年を誇る。無農薬栽培のりんごのみを使い、栗の木樽の中で自然発酵させる。酸化防止剤などの添加物を一切加えていない自然な味わいは、多くのコンクールで受賞し、評価が高い。

https://www.iruinsagardotegia.com/

3.シドラを製造している古い建物　4.完熟し、落ちたりんごのみ収穫。その後、細かく砕いたりんごを圧搾機の中に8時間ほど置き、ゆっくりと圧力をかけて搾る
5.古い建物の内部。昔、シドラづくりに使われていた道具も残る

マニェル・ブスト・アマンディ

シードラ・ナチュラル

Manuel Busto Amandi
Sidra Natural

無濾過の濁りあり。自然酵母を使い、補糖はなし。木樽のような香りがし、まるで漬け物のようなニュアンスも。疲れたときにしみ入るおいしさ。アウトゥリアス州の郷土料理のファバダ（白いんげん豆と豚の煮込み）やカチョポ（カツレツ）と絶好の相性。

アルコール度数	6%
泡の多さ	○○○○○○ なし
価格目安	700mℓ　1200円前後
相性のいい料理	肉こってり　肉あっさり　魚介こってり
問合せ	キムラ P182 ㉚

マニェル・ブスト・アマンディ

マヤドール・シードラ

Manuel Busto Amandi
Mayador Sidra

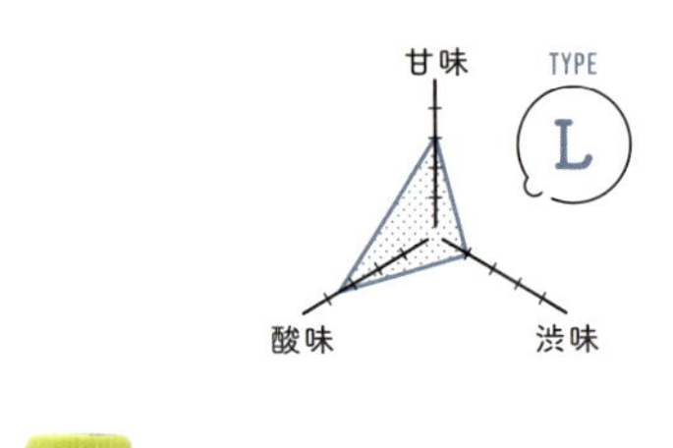

醸造所は1939年創業。スペイン国内のみならず、多くの国にこのシードルを輸出している。甘さとキリリと締まる酸のバランスがよく、極めて爽快。レモンイエローのクリアな色味。食べ物を選ばずにカジュアルにグビグビ飲める！

アルコール度数	4.1%
泡の多さ	●●●○○○
価格目安	250mℓ　300円前後
相性のいい料理	肉あっさり　肉こってり
問合せ	キムラ P182 ㉚

マエロック

オーガニック・シードル

Maeloc
Sidra Dolce

ガリシア州の有機栽培のりんごでつくられたシードル。ビオに特有のわらをイメージさせるような香りも感じる。甘味を酸が包みこみ、おだやかでやさしい甘さに。こってりとした魚料理やトロピカルなドライフルーツなどと合わせたい。

アルコール度数	4%
泡の多さ	●○○○○○
価格目安	200mℓ　400円前後
相性のいい料理	魚介こってり　ナッツ・フルーツ
問合せ	アイコン・ユーロパブ P182 ㉛

マエロック

ドライシードル

Maeloc
Sidra Seca

濃厚なりんごの香りが広がるが、スペインらしいキュッと締まるシャープな酸味が主張し、独特のクセがある苦味も力強い。氷やミントをたっぷり入れて、すきっとさわやかに楽しみたい。アヒージョなどオイリーな料理も、さっぱりとさせてくれる。

アルコール度数	4.5%
泡の多さ	●○○○○○
価格目安	200mℓ　400円前後
相性のいい料理	魚介あっさり　魚介こってり
問合せ	アイコン・ユーロパブ P182 ㉛

トラバンコ

シードラ・ナチュラル・トラバンコ コセチャ・プロピア

Trabanco
Sidra Natural Trabanco
Cosecha Propia

スペイン・アストゥリアス産の自然栽培のりんごを自然発酵。力強い酸味が清涼感とともに流れるように広がる。伝統的な注ぎ方のエスカンシアールで、さらに香味の花が開く。

アルコール度数	6%
泡の多さ	●○○○○○
価格目安	700mℓ　1700円前後
相性のいい料理	肉こってり
問合せ	リベルタス P182 ㉜

マエロック

オーガニック ドライサイダー

Maeloc
Sparkling Organic Cider

甘味と酸味のインパクトが強く重厚感のあるボディ。ブルーチーズなどクセのあるチーズと合わせても負けずに、口中で溶け合って互いを引きたて合う。リッチな味わいをカジュアルに楽しめる。

アルコール度数	4%
泡の多さ	●○○○○○
価格目安	200mℓ　400円前後
相性のいい料理	チーズ濃
問合せ	アイコン・ユーロパブ P182 ㉛

トラバンコ

シードラ・ブリュット・トラバンコ ラガル・デ・カミン

Trabanco
Sidra Brut Trabanco
Lagar de Camin

シャンパーニュ製法の瓶内二次発酵。バルサミコを感じさせる酸味とほのかな甘味のバランスがよく、互いが一体となってまろやかな味わいに。飲みやすいので、シドラ初心者におすすめ。

アルコール度数	4.5%
泡の多さ	●●●○○○
価格目安	750mℓ　1600円前後
相性のいい料理	魚介あっさり
問合せ	リベルタス P182 ㉜

トラバンコ

シードラ・アバロン・トラバンコ

Trabanco
Sidra Avalon Trabanco

青りんごを思わせるさわやかな香りと、その奥にウッディな香りも感じられる。際立った酸味と心地よい苦味、蜜っぽい甘さをあわせもつバランスが秀逸。持続性の高い泡も心地よい。

アルコール度数	5.5%
泡の多さ	●●○○○○
価格目安	330mℓ　600円前後
相性のいい料理	肉あっさり　野菜
問合せ	リベルタス P182 ㉜

ベレシアルトゥア

ベレシアルトゥア シードラ・ナチュラル

Bereziartua
Bereziartua Sidra Natural

バスク地方で1870年に創業し、4代にわたって伝統的な製法でシードルをつくり続ける醸造所。発酵に使われた木樽や発酵臭をわずかに感じる。口に含むと、酸味とともにペッパーや唐辛子を連想させる刺激のあるスパイス感、その後に広がる渋味もいい。

アルコール度数	6%
泡の多さ	●○○○○○
価格目安	750mℓ　1600円前後
相性のいい料理	肉こってり
問合せ	オーケストラ P182 ㉞

アスティアサラン

アスティアサラン シドラ・セカ

Astiazaran
Sidra Seca

無農薬栽培のりんご100%で自然発酵し、保存料無添加。りんごの立ち上がる香りから酸味を感じ、コリアンダーやブラックペッパーのようなスパイシーさも。キリッと辛口で、酸のインパクトも力強い。チョリソーなど塩味の効いた料理と好相性。

アルコール度数	4～6%
泡の多さ	●●●○○○
価格目安	375mℓ　900円前後 750mℓ　1500円前後
相性のいい料理	肉さっぱり
問合せ	イムコ P182 ㉝

U.S.A
アメリカ

太平洋岸北西部

ワシントン州で生食用品種のりんごを中心に国内生産量の約65%が栽培され、最もハードサイダーブームが盛り上がっているエリア。この地域の長い日照時間などもりんごには好条件。シードル用品種も増え、今後の動きも楽しみだ。

五大湖周辺

ミシガン州は調理用品種のりんご栽培がアメリカで最も多く、サイダリーは30ヶ所以上。ミシガン湖の対岸では、フランスやイギリスなどの影響を受けたハードサイダーのほか、多彩なアップルブランデーも生み出されている。

ワシントン州
カナダ
シアトル
オレゴン州
コロラド州
デンバー
ミシガン州
シカゴ
ニューヨーク州
バーモント州
ニューハンプシャー州
ボストン
マサチューセッツ州
ニューヨーク
ワシントンD.C.
ヴァージニア州
CIDERY

イーストコースト

シードルづくりは、バーモント州やマサチューセッツ州などのニューイングランドが中心。入植者が上陸した頃からシードルづくりが行われていたり、家庭でシードルをつくって楽しんでいたりと、結びつきは深い。

ノンアルコールのアップルサイダーと区別し、シードルはハードサイダーと呼ばれています。近年、シードル人気が復活し、アメリカ全土でハードサイダーがつくられています。とくに盛んなのが、太平洋岸北西部、五大湖周辺、イーストコーストです。

17世紀頃、イギリス人をはじめとする入植者が伝えたというりんご。同時にシードルづくりも行われ、18~19世紀にはソフトドリンクと同じようにシードルが親しまれていたとか。しかし、禁酒運動の影響を受け、シードルは市場から姿を消しました。

その後1990年代に、ブルワリーが多数参入したことで再び注目を集め、2010年頃には一大クラフトサイダーブームが到来。りんごの栽培が盛んなオレゴン州やワシントン州周辺では、こだわりあふれるサイダーハウスが続々と登場。ホップをはじめフレーバーやスパイスを加えるなど、ユニークなハードサイダーが生み出されています。クラフトビール愛好者からも支持され、ますます盛り上がるに違いありません。

1.ポートランドサイダーカンパニー直営のレストラン　2.ハードサイダーはビール感覚で楽しめるカジュアルなお酒　3.タップから注ぐ生ハードサイダーも増えている

ポートランド近郊のカスケードにある「サイダーライオット！」のりんご畑

FUJII MEMO

味とラベルに込められた遊び心を楽しみたい

アメリカでは、グルテンフリーやクラフトビールブームなどの理由から、ハードサイダーの市場が急成長中だ。ツータウンズ・サイダーハウスは創業からわずか数年でオレゴン州売上1位、クラフトサイダーで全米2位になった。

ジンジャーを使った日本未発売の「Ginger Ninja」というハードサイダーがあるが、そのボトルのラベルには、手裏剣が刺さったりんごが描かれている。日本好きな生産者デイブ・タクシュ氏が、「ジンジャー」と「ニンジャ」をもじったものだといたずらな笑顔で教えてくれた。

「Ginja Ninja」のラベル。アメリカのハードサイダーはホップやベリーを使ったユニークな味と遊び心あるラベルが魅力だ

オレゴン州／ポートランド

ポートランド・サイダー・カンパニー

Portland Cider Co.

アメリカとイギリスの原料や技術が融合

アメリカ・オレゴン州出身のジェフと、イギリス出身の妻・リンダのパリッシュ夫妻が2012年に設立。地元のりんごを使い、新しい醸造技術や機械を取り入れながら、イギリスの伝統的な味わいを生かしたドライなハードサイダーをつくっている。創業時から生産量は10倍以上に増え、新しい工場を建てるなど、成長が目覚ましい。近年は、少し甘味のあるタイプの製造にも力を入れている。

https://www.portlandcider.com/

1.ポートランドに2つのタップルームがあり、ホーソンでは28種類のサイダーが楽しめる　2.ジェフとリンダ　3.約600坪もの大規模な工場を2016年に新設

オレゴン州／コーヴァリス

ツータウンズ・サイダーハウス

2 TOWNS CIDERHOUSE

ガレージサイダーから一大企業に急成長

創業者の3人が異なる2つの街に住んでいたことが、社名の由来。2010年にガレージで始めたハードサイダーづくりが、今やアメリカ西部で最大の生産量を誇るビッグカンパニーに。アメリカ北西部のりんご100％で、搾汁してから24時間以内に発酵を開始。ワイン酵母を使用したフルーティでフレッシュな味が特長。地元のイベントやメーカーに協力するなど地域に欠かせない存在になっている。

https://2townsciderhouse.com/

1.2012年から自主農園でりんごの栽培も開始　2.創業者の一人・デイブ・タクシュ氏　3.コーヴァリスに醸造所を2つもつほか、サイダー専門のタップルームもある

1.よいハードサイダーをつくるために、良質なりんご栽培にもこだわっている　2.テイスティングするスタッフたち　3.サイダリーに併設されたタップルーム

オレゴン州／ポートランド

レヴァレンド・ナッツ・ハード・サイダー

Reverend Nat's Hard Cider

ハードサイダーの枠を超えた個性あふれる味が続々

元プログラマーだったナット・ウエスト氏がハードサイダーの醸造に取り組み始めたのは2004年。そこから一気にハードサイダーの魅力にはまり、2011年にはサイダリーをオープンした。ビール酵母や黒砂糖を使った「Revival」をはじめ、スパイスやホップなど世界各地の材料や酵母を使い分けた個性的な味わいが多い。年間60〜70種類ものハードサイダーがつくられ、季節限定品も多い。

http://reverendnatshardcider.com/

1.左がつくり手のエイブ。クラフトビール鑑定士のような資格ももっている　2.サイダリーの内装もセルフリノベーションしたという

オレゴン州／ポートランド

サイダー・ライオット！

Cider Riot!

楽しみながらつくる斬新なハードサイダーが話題

生まれも育ちもオレゴン州というエイブが2016年9月に立ち上げたサイダリー。学生時代に留学していたイギリスでサイダーの魅力にハマり、帰国後に自宅のガレージで本格的にサイダーづくりを始めたという。イギリスのサイダーに近いドライな味が多い。ロゴのファンキーなデザインをはじめ、ジョークや意味が込められたラベルやネーミングなど、遊び心があふれている。

http://www.ciderriot.com/

ツータウンズ・サイダーハウス

アウトサイダー

2Towns Cider House
Outcider

100%アメリカ産（ワシントン州およびオレゴン州）のりんごをフレッシュ・プレスして醸造。ほんのりピーチやレモンのような香りがし、その香りとリンクする搾りたての果汁のようなフレッシュな味わい。生のフルーツとも好相性。

アルコール度数	5%
泡の多さ	●○○○○○
価格目安	355mℓ　400円前後
相性のいい料理	魚介あっさり　チーズ淡　ナッツ・フルーツ
問合せ	チョーヤ梅酒 P182 ㉟

ツータウンズ・サイダーハウス

ブライトサイダー

2Towns Cider House
Brightcider

3人の幼なじみが小さなガレージで始めたサイダリー。オレゴン州で最も成長しているハードサイダーブランドである。原料のりんご栽培から携わり、品質向上に努めている。青りんごならではの若々しい香りと味わい。ワイン酵母使用。

アルコール度数	6%
泡の多さ	●●○○○○
価格目安	355mℓ　400円前後
相性のいい料理	肉あっさり　肉こってり　魚介あっさり
問合せ	チョーヤ梅酒 P182 ㉟

レヴァレンド・ナッツ・ハード・サイダー

リバイバル・ハード・アップル

Reverend Nat's Hard Cider
Revival Hard Apple Cider

ワシントン州産のりんごにメキシコの赤砂糖ピロンチージョを加え、2種類のイーストで発酵をさせた。クリアな黄金色で、サトウキビとホップ入りの意欲作。ライチのような香りが漂い、干したさつま芋のような濃厚な甘味が広がる。

アルコール度数	6%
泡の多さ	●●○○○○
価格目安	500mℓ　1300円前後
相性のいい料理	魚介あっさり
問合せ	ファーマーズ P182 ㊱

ツータウンズ・サイダーハウス

メイド・マリオン

2Towns Cider House
Made Marion

米国の農務省とオレゴン州立大学が品種改良したマリオン郡発祥のブラックベリー「マリオンベリー」を使用。ブラックベリーのカベルネと呼ばれることもある。りんごと相乗した複雑味、かつチャーミングな味わいが特徴。美しいルビー色。

アルコール度数	6%
泡の多さ	●●○○○○
価格目安	355mℓ　400円前後
相性のいい料理	ナッツ・フルーツ
問合せ	チョーヤ梅酒 P182 ㉟

レヴァレンド・ナッツ・ハード・サイダー

ハレルヤ・ホプリコット

Reverend Nat's Hard Cider
Hallelujah Hopricot

コリアンダーとオレンジピール、スターアニスなどを加え、仕上げにホップを追加。ビールファンを意識したファンキーな味わいで、花椒の効いた麻婆豆腐などスパイシーな料理と絶妙に合う。

アルコール度数	6.5%
泡の多さ	●●○○○○
価格目安	500mℓ　1400円前後
相性のいい料理	肉こってり　エスニック
問合せ	ファーマーズ P182 (36)

レヴァレンド・ナッツ・ハード・サイダー

リバイバル・ハード・アップル

Reverend Nat's Hard Cider
Revival Hard Apple Cider

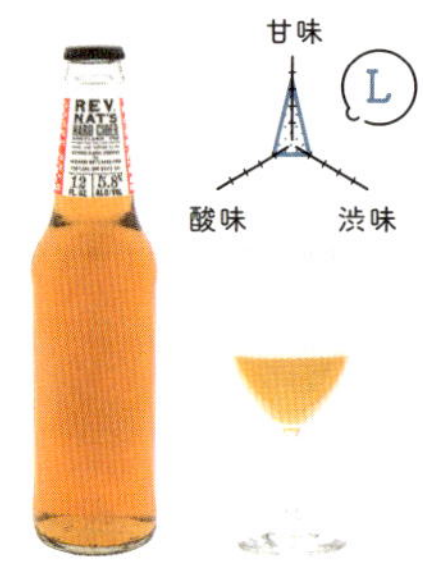

P119の「リバイバル・ハード・アップル」の小瓶だが、製造の時期により多少味は異なる。甘口でカジュアルに飲めるが、味わいの輪郭ははっきり。ポーションが少ない分、気軽に飲める。

アルコール度数	5.8%
泡の多さ	●●○○○○
価格目安	355mℓ　600円前後
相性のいい料理	魚介あっさり　スイーツ
問合せ	ファーマーズ P182 (36)

レヴァレンド・ナッツ・ハード・サイダー

マグニフィセント・セブン

Reverend Nat's Hard Cider
Magnificent 7

スコットランド産とつがる、ふじ、北斗など日本原産のりんご7種類に日本酒のイーストを使用した「七人の侍」サイダー。りんご酢やソルダムを思わせるようなフレッシュで切れ味抜群の酸味。

アルコール度数	7%
泡の多さ	●●○○○○
価格目安	500mℓ　1400円前後
相性のいい料理	肉あっさり　肉こってり
問合せ	ファーマーズ P182 (36)

レヴァレンド・ナッツ・ハード・サイダー

サクリレッジ・サワー・チェリー

Reverend Nat's Hard Cider
Sacrilege Sour Cherry

甘酸っぱく、スパイス感のあるファンキーな味わい。ベルギーやドイツのサワービールへのオマージュ。乳酸菌を使ってりんご由来とは違う酸味を持たせ、さらにサワーチェリーを追加している。

アルコール度数	7.2%
泡の多さ	●●○○○○
価格目安	500mℓ　1400円前後
相性のいい料理	肉こってり　魚介こってり　エスニック
問合せ	ファーマーズ P182 (36)

カスケーディア・サイドウォーカーズ・ユナイテッド

グラニースミス・ハード・アップル・サイダー

Cascadia Ciderworkers United
Granny Smith Hard Apple Cider

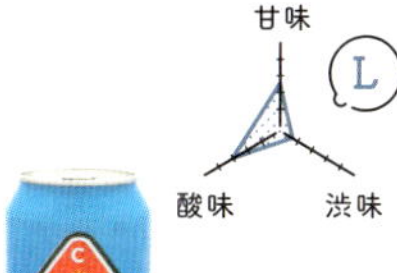

青りんごのグラニースミスを使ったサイダー。焦がした蜜のような甘い香りで、さわやかな酸味。バッファローウィングやバーベキューソースなど甘辛いタレをすっきりと洗い流してくれる。

アルコール度数	5.5%
泡の多さ	●●●○○○
価格目安	473mℓ　660円前後
相性のいい料理	肉こってり
問合せ	ファーマーズ P182 ㊱

カスケーディア・サイドウォーカーズ・ユナイテッド

ドライ・ハード・アップル・サイダー

Cascadia Ciderworkers United
Dry Hard Apple Cider

甘味
酸味
渋味
L

手にしたときの缶の冷たさが新鮮。デザートりんごをベルギービール酵母で醸してあり、圧倒的な清涼感とのど越し！　ボディは軽やかながら、味にインパクトあり。冷蔵庫にキープしたい一本。

アルコール度数	6.5%
泡の多さ	●●●○○○
価格目安	473mℓ　660円前後
相性のいい料理	肉あっさり　肉こってり　エスニック
問合せ	ファーマーズ P182 ㊱

COLUMN ❹

りんごを広めた伝説の英雄 ジョニー・アップルシード

1774年、マサチューセッツ州レミンスター生まれ。本名ジョン・チャプマン。果樹栽培の技術を学び、オハイオにやって来た彼は、りんごの木を植えました。飲み水を手に入れることが難しかった辺境の地の人々は、シードルをつくって喉を潤したそうです。チャプマンが育てたりんごにより多くの品種が生まれたといわれています。

from "A History of the Pioneer and Modern Times of Ashland County", by H. S. Knapp (1862).

アメリカ西部の開拓者の一人として、アメリカの子どもたちにもおなじみの人物

カスケーディア・サイドウォーカーズ・ユナイテッド

ウィンター・ハード・アップル・サイダー

Cascadia Ciderworkers United
Winter Hard Apple Cider

甘味
酸味
渋味
M

くもった琥珀色で、アップルパイのような香り。ナツメグやシナモンといった香りのよいスパイシーさが広がる冬限定のサイダー。牛バラの煮込みや豚の角煮などとともに。温めて飲んでも◎。

アルコール度数	9.5%
泡の多さ	●●○○○○
価格目安	473mℓ　800円前後
相性のいい料理	肉こってり
問合せ	ファーマーズ P182 ㊱

ポートランド・サイダー・カンパニー

アップル

Portland Cider Company
Apple

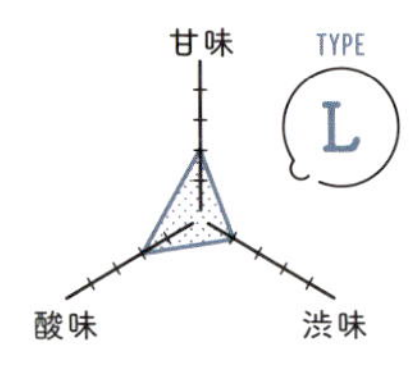

オレゴン州のりんごを100%使用。グレープフルーツの皮のような、ややビターな香り。甘味はあるが、ジューシーですっきり。缶でグビグビ飲めそうな軽やかな味で、ビール感覚で楽しめる。フライドポテトや唐揚げなどを合わせてカジュアルに。

アルコール度数	5.5%
泡の多さ	●○○○○○
価格目安	355mℓ　500円前後
相性のいい料理	肉こってり
問合せ	ファーマーズ P182 ㊱

サイダー・ライオット！

ネバー・ギブ・アン・インチ

Cider Riot!
Never Give An Inch

オレンジがかったガーネットのような色。そんな外見からは想像できないような苦味がガツンと広がる。ブラックベリーとブラックカラントの酸味と甘味がりんごとマッチし、酸っぱくて苦い不思議な味わい。ほのかなベリーやりんご、花の華やかな香り。

アルコール度数	6.9%
泡の多さ	●○○○○○
価格目安	500mℓ　1700円前後
相性のいい料理	肉こってり
問合せ	ファーマーズ P182 ㊱

ボストンビール

サミエルアダムス アングリー・オーチャード・ハードサイダー

Boston Beer Company
Samuel Adams
Angry Orchard Hard Cider

全米で有名なクラフトビール「サミエルアダムス」のボストンビール社が手がけたシードル。甘味と酸味のバランスがよく、さわやかでフルーティ。ナチュラルアップルフレーバー、糖類、酸味料などの添加あり。ビール感覚で食中酒に最適。

アルコール度数	5%
泡の多さ	●○○○○○
価格目安	355mℓ　500円前後
相性のいい料理	肉こってり
問合せ	日本ビール P182 ㊲

ハイファイブサイダー

ストロバザウルス・ホップ

^5 Cider
Strawbasaurus Hop

超個性的ないちごの風味が香るサイダー。ファンキーな女性のつくり手によるもので、りんご果汁といちごを合わせて発酵させている。香りは鮮烈なものの、ホップも加えてあり、味わいはドライ。単体で飲むのがおすすめ。

アルコール度数	6.8%
泡の多さ	●○○○○○
価格目安	500mℓ　1200円前後
相性のいい料理	ナッツ・フルーツ
問合せ	ファーマーズ P182 ㊱

JAPAN 日本

北海道

外国産のりんご品種が多く出回り、明治時代からりんご酒が製造されるなど、りんごとの関わりは深い。英国産のブラムリーやコックス・オレンジ・ピピン、珍しい品種とされるマッキントッシュ（旭）などをはじめ、酸味の強い調理用品種が使われているのが特長。

青森県

青森のシードルづくりをリードするタムラファームがあり、早い段階でシードルが注目されていた。JR東日本の主導で設立された、シードルを見て楽しんで味わえる施設「A-FACTORY」が人気を集めて、青森県の新たな観光資源としてシードルが注目されている。

秋田県
岩手県
山形県
宮城県
富山県
群馬県
福島県
茨城県
京都府
広島県
島根県
東京都
愛知県
山梨県

長野県

戦時中に小布施ワイナリーでつくられたシードルが始まりで、ワイン視点でつくられた瓶内二次発酵のシードルが多い。シードルの歴史が長いのは北信だが、長野県初のシードル専門の醸造所ができた南信も盛り上がってきていて、地域の活性化も期待されている。

日本人の生活となじみ深いりんご。りんご産地の多くでシードルがつくられるようになり、まさに「りんごあるところにシードルあり」。醸造所の増加にともない銘柄数も増え、味の幅も広がり、いよいよ飲みくらべが楽しくなってきています。

日本のりんご生産量1位の青森県、2位の長野県を中心に、北海道も醸造所が10ヶ所以上と多く、銘柄数はなんと全国2位。また、東北、北陸、関東のほか、南は広島県や島根県でもシードルがつくられています。

醸造所の多くはワイナリーですが、そのほかにもワイナリーにりんごを持ち込んで醸造を委託する農家、シードル専門醸造所、ビールや日本酒の蔵元が挙げられます。宿やレストランが併設されていたり、製造を見学できるところもあるので、つくり手の思いに気軽にふれられるのも日本シードルの楽しみです。

ようやく到来した日本の本格的なシードルブームはまだ始まったばかり。それぞれが切磋琢磨し、年々進化を遂げています。

1. シードル専門の「カモシカシードル醸造所」は、自社農園のほか、シードル用のりんごを栽培する契約農家をもつ
2・3. 日本のシードルに欠かせないふじ。蜜もたっぷり

「ファーム＆サイダリーカネシゲ」のように、新世代によるおしゃれな醸造所も増えている

FUJII MEMO

日本が世界で認められてきたことを実感

シードル生産については歴史が浅い日本だが、日本は「世界で一番おいしいりんごを食べている国」といわれている。それほど品質の高い生食用りんごが日本のシードルには使われているのだ。

日本の醸造家はみな謙虚だが、シードルづくりを楽しみ、シードル専用りんごの栽培や、製造法に工夫を凝らすなど新たな挑戦にも取り組んでいる。2016年、フランクフルトで行われた国際シードルメッセに初のゲスト国として日本の生産者が招かれたのは、そんな彼らの努力が実った証だ。

国際シードルメッセの中央に置かれた日本ブースに集まる海外の愛好家の表情を見て、私も誇らしい気持ちになった

1.りんごやぶどう畑の中に建てられたショップ。試飲もできる　2.標高700m以上のりんご栽培に適した松川町。中央アルプス、南アルプスに囲まれている

長野県

信州まし野ワイン

Shinshu Mashino Wine

シードル文化の発展に欠かせないワイナリー

もともとは戦後、この地をいちから開拓し、りんご栽培を行っていた農家5軒が設立したりんご加工組合が起源。ワインも製造しつつ、2014年から本格的にシードルづくりに取り組み始めた。近隣農家の受託醸造などを通じて、町全体の活性化にも力を入れている。今後は、樽熟成やデゴルジュマンなどを行ったシャンパーニュ製法の瓶内二次発酵にも挑戦していく予定。

http://www.mashinowine.com/

3.ショップの裏にある小さな工場で、りんごの洗浄、破砕、搾汁などが行われている　4.搾汁後のりんご果汁を発酵させる場所　5.シードルは、1本ずつ手作業で打栓し、ラベルを貼っていく

1.自社農園は約12ha。シードルには、手摘みで収穫されたりんごを複数ブレンドする　2.シードルの製造スペース　3.工場に小さなショップが併設

◉ 青森県

タムラファーム

Tamura Farm

日本人の好みに合わせた繊細な味わいが決め手

自社農園の紅玉でつくったアップルパイが人気のりんご農園。2013年に委託醸造でシードルづくりを始め、2015年から有機肥料で育てた自社農園の完熟りんごを使い、自社でシードルをつくっている。日本らしい繊細な味わいは、京都の丹波ワインがタムラファームのために開発した「タムラシードル酵母」が決め手。国際シードルメッセでは、2016年と2017年の2年連続で受賞。

http://tamurafarm.jp/

1.醸造所に販売コーナーが併設され、商品を購入できる　2.小規模な工場でつくられている。りんごの持ち味を生かすため、香料、着色料、砂糖などは一切無添加

◉ 北海道

増毛フルーツワイナリー

Mashike Fruit Winery

りんごの味を生かした一期一会を楽しむ

カナダでシードルづくり、北海道ワインで果実酒製造を学んだ堀井拓哉さんが立ち上げたシードル専門醸造所。北海道の日本海に面した増毛町にあり、潮風によって甘味が引き出された、深みのある味わいのりんごが自慢。時間をかけて天然発酵させた、きめ細かな泡立ちが特長だ。製造ごとにりんごのブレンドが異なり少量生産のため、そのときどきの異なる味わいを楽しみたい。

http://www.mashike-winery.jp/

北海道

増毛フルーツワイナリー

増毛シードル ポム・スクレ

こっくりとした飴色が美しい非発泡のアップルワイン。増毛産のりんご果汁を凍らせながら水分を取り除いて濃縮し、時間をかけて発酵。ビターコーヒーやプルーンのような香りとともに、濃厚なりんごの旨みと甘味を堪能できる。デザートとして食後に。

アルコール度数	9%
泡の多さ	○○○○○○ なし
価格目安	360mℓ　3500円前後
相性のいい料理	ナッツ・フルーツ
問合せ	増毛フルーツワイナリー P182 ㊳

北海道

増毛フルーツワイナリー

増毛シードル 中口

暑寒別岳から流れ出るミネラルたっぷりの水で育てられた、良質かつ多品種のりんごを使用。香料、着色料、砂糖は加えず、天然発酵による細やかなガスが特徴。グレープフルーツを思わせる軽やかな苦味もあり、繊細でさわやかな甘味といいバランス。

アルコール度数	4.5%
泡の多さ	●○○○○○
価格目安	330mℓ　800円前後
相性のいい料理	野菜 チーズ淡
問合せ	増毛フルーツワイナリー P182 ㊳

フランス
イギリス
スペイン
アメリカ
日本
その他の国

北海道

アップルランド 山の駅おとえ

ふかがわシードル

深川市で収穫されたりんごを100%使用。ほんのり甘く、軽やかな口当たり。りんごのフレッシュな果実味のほか、わずかにマスカットや白桃も感じられる上品な味わいで、みずみずしくフルーティ。5度前後にしっかり冷やして味わおう。

アルコール度数	5%
泡の多さ	●●○○○○
価格目安	200mℓ 400円前後　375mℓ 700円前後 750mℓ 1400円前後
相性のいい料理	魚介あっさり　野菜
問合せ	アップルランド 山の駅おとえ P183 ㊵

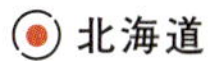

北海道

オホーツク・オーチャード

旭りんごのシードル

日本国内で唯一のりんご「旭」でつくったシードル。かつて北海道で盛んに栽培されていたが、いまは北見市だけにわずかに残る希少品種。するどい酸味の効いた、キリッとさわやかな辛口で、「旭」特有の複雑な香りも印象に残る。

アルコール度数	5%
泡の多さ	●●●○○○
価格目安	330mℓ　1500円前後
相性のいい料理	肉あっさり　野菜
問合せ	オホーツク・オーチャード P183 ㊴

※委託醸造

◉ 北海道

八剣山さっぽろ地ワイン研究所
(八剣山ワイナリー)

CHOINOMI青りんご ハードシードル

北海道余市産の青りんごを使ったさわやかな甘味と、果実由来の鮮烈な酸味が印象的。やや高めのアルコール感でドライな飲み口。クラッシュアイスを入れて、ゴクゴク飲みたい。プリン体フリー。

アルコール度数	9%
泡の多さ	●●●○○○
価格目安	250mℓ　600円前後
相性のいい料理	肉こってり 野菜
問合せ	八剣山ワイナリー P183 ㊶

◉ 北海道

八剣山さっぽろ地ワイン研究所
(八剣山ワイナリー)

Kanonz 大人のアップルワイン

醸造所は、風光明媚な名山・八剣山の南山麓に位置。ワインづくりがメインで、こちらも本格的な白ワインを思わせる。ソービニヨンブランのような青々しい香りとボディ感、コクのある飲み口。

アルコール度数	10%
泡の多さ	○○○○○○ なし
価格目安	720mℓ　1700円前後
相性のいい料理	肉あっさり 魚介こってり 野菜
問合せ	八剣山ワイナリー P183 ㊶

◉ 北海道

北海道ワイン

北海道シードル

「日本ワイン醸造量全国No.1」の同社が醸造する初のシードル。フルーティな甘口ワインを得意としており、シードルもまた果実の甘味が感じられ、カジュアルさとフレッシュ感が弾ける。

アルコール度数	5.5%
泡の多さ	●●●○○○
価格目安	750mℓ　1500円前後
相性のいい料理	魚介あっさり チーズ淡
問合せ	北海道ワイン P183 ㊸

※2018年7月より販売。数量限定

◉ 北海道

ばんけい峠のワイナリー

シードロワイン

シードル初仕込みから満16年。新たなワイン文化を発信すべく、試みを重ねてきた。れんげの花を思わせる繊細な香り。淡い味わいで、食前酒として活躍するほか、ガレットにも合う。

アルコール度数	8%
泡の多さ	○○○○○○ なし
価格目安	720mℓ　1400円前後
相性のいい料理	肉こってり 魚介こってり
問合せ	ばんけい峠のワイナリー P183 ㊷

北海道

中井観光農園

ナカイ ヨイチ・シードル

「ブラムリー」という、甘味が少なく酸味が強い調理用品種を使用。同エリアのワイナリー「ドメーヌ・タカヒコ」にて醸し、余市町の自社農園で有機栽培したりんごの持ち味を生かすため、無濾過で瓶詰め。白い花を思わせる清涼感が吹き抜ける。

アルコール度数	7%
泡の多さ	●●●●●●
価格目安	750mℓ　2000円前後
相性のいい料理	魚介あっさり
問合せ	中井観光農園 P183 ㊺

※委託醸造、数量限定

北海道

リタファーム＆ワイナリー

農家のシードル

余市産のりんごを使い、野生酵母で自然に任せて瓶内二次発酵させた。シャープな辛口で、ツンとした酸味と強い苦味がダイレクトに伝わる。静かに逆さにして澱の旨味も一緒に味わいたい。揚げ物などの脂分を流してさっぱりとさせてくれそう。

アルコール度数	7.5%
泡の多さ	●●●○○○
価格目安	750mℓ　1600円前後
相性のいい料理	魚介あっさり
問合せ	リタファーム＆ワイナリー P183 ㊹

◉ 北海道

はこだてわいん
ななえりんごわいん -Sparkling-

七飯町産のりんごを100%使用。絞った果汁を凍結濃縮して醸造するため、甘味があって飲みやすいがアルコール度数は高い。りんご本来の味わいと香りを生かし、後味はすっきり。

アルコール度数	8%
泡の多さ	●●○○○○
価格目安	500mℓ　1100円前後
相性のいい料理	スイーツ
問合せ	はこだてわいん P183 ㊼

◉ 北海道

さっぽろ藤野ワイナリー
シードル・ブラムリー

余市の果樹園・三氣の辺のブラムリーがメインで、さわやかでしっかりとした酸味が特長。甘さはほのかで苦味も強く、すっきりフレッシュ。料理と合わせて楽しむことで味わいが引き立つ。

アルコール度数	6%
泡の多さ	●○○○○○
価格目安	750mℓ　1700円前後
相性のいい料理	魚介こってり
問合せ	さっぽろ藤野ワイナリー P183 ㊻

◉ 北海道

そうべつシードル造り実行委員会
Cidre de Sobetsu (SWEET)

あとに残らない控えめな甘さで、ほんのり感じる苦味が加わることでキレもよく、さっぱりとして飲みやすい。乾杯ドリンクとしても活躍しそう。同商品のドライより、少し甘めの和食とどうぞ。

アルコール度数	4%
泡の多さ	●○○○○○
価格目安	500mℓ　1300円前後
相性のいい料理	魚介こってり
問合せ	そうべつシードル造り実行委員会 P183 ㊽

※委託醸造、数量限定

◉ 北海道

そうべつシードル造り実行委員会
Cidre de Sobetsu (DRY)

若々しくフレッシュなりんごの果実感があり、さわやかな甘さで、後味はすっきり。凛としたエレガントさを感じる。酸味や渋味のバランスもよく、日本酒感覚で楽しめる。繊細な和食にも合う。

アルコール度数	6%
泡の多さ	●○○○○○
価格目安	500mℓ　1300円前後
相性のいい料理	魚介あっさり　チーズ淡
問合せ	そうべつシードル造り実行委員会 P183 ㊽

※委託醸造、数量限定

青森県

タムラファーム

TAMURA CIDRE SWEET

淡いクリーム色をした、リースリングのワインを思わせる甘い香りのシードル。酸味や苦味はほぼなく、りんご本来の甘味を楽しめる。アップルパイやドライフルーツのアプリコットなどが合いそう。アルコール度数が低く、飲み慣れない方にもおすすめ。

アルコール度数	3%
泡の多さ	●●●●●○
価格目安	500mℓ　1300円前後
相性のいい料理	ナッツ・フルーツ　スイーツ
問合せ	タムラファーム P183 ㊾

青森県

タムラファーム

TAMURA CIDRE DRY

「和食に合うシードル」をテーマに、サンふじ、王林、紅玉やジョナゴールドなどをブレンドし、数千種もあるといわれる酵母の中からクリアで繊細な味わいを出せる培養酵母を選抜した。料理を引き立てる、上品な酸味とほのかな苦味がポイント。

アルコール度数	6%
泡の多さ	●●●●●○
価格目安	500mℓ　1300円前後
相性のいい料理	魚介あっさり
問合せ	タムラファーム P183 ㊾

青森県

田中農園

ADOHADARI（アドハダリ）

銘柄の「あどはだり」とは、津軽弁で「おかわり」「おねだり」の意。先祖代々果樹園を営む農園が手がけるシードルは、濃密な甘味で桃のコンポートのようなニュアンス。スイーツとの相性も◎。

アルコール度数	4〜6%
泡の多さ	●●●○○○
価格目安	375mℓ　2000円前後
相性のいい料理	チーズ淡　スイーツ
問合せ	田中農園／モンブラン P183 (50)(51)

※委託醸造

青森県

タムラファーム

TAMURA CIDRE 冷凍果汁仕込み

自社栽培の完熟したサンふじの果汁を凍結させ、糖度の高い果汁を抽出。低温でじっくり醸造した、生産量の少ない贅沢なシードル。グレープフルーツのような甘苦さのある個性的な味わい。

アルコール度数	12%
泡の多さ	●○○○○○
価格目安	500mℓ　2200円前後
相性のいい料理	ナッツ・フルーツ
問合せ	タムラファーム P183 (49)

青森県

ファットリア ダ・サスィーノ

弘前アポーワイン Sasino ライト

定番の「サスィーノ」に比べ、「ライト」は果実味があり、心地よい苦みを感じ、まるで異なる印象。冷やしすぎずに味わいたい。ペペロンチーノやラム肉など、パンチのある料理が思い浮かぶ。

アルコール度数	11.5%
泡の多さ	●○○○○○
価格目安	375mℓ　1500円前後 750mℓ　2400円前後
相性のいい料理	肉あっさり　肉こってり　チーズ淡
問合せ	ファットリア ダ・サスィーノ P183 (52)

青森県

ファットリア ダ・サスィーノ

弘前アポーワイン Sasino

自ら畑を耕し、その収穫物を料理で提供するイタリアンレストラン「オステリア・エノテカ・ダ・サスィーノ」。そのオーナーシェフ・笹森通彰さんが手がけたシードル。すっきりと甘すぎない味。

アルコール度数	11.5%
泡の多さ	●●●●●●
価格目安	375mℓ　1500円前後 750mℓ　2400円前後
相性のいい料理	肉あっさり　チーズ淡
問合せ	ファットリア ダ・サスィーノ P183 (52)

青森県

弘前シードル工房kimori

kimoriシードル スイート

まるでりんごジュースを飲んでいるかのよう。酸味や苦味はほぼ感じられず、やさしくまろやかなりんごの甘味や旨味に包まれる。かすかに顔を出すライチの風味で、軽やかな飲み口に。アップルパイやスイートポテトなど、デザートと相性抜群。

アルコール度数	3%
泡の多さ	●●○○○○
価格目安	375mℓ　900円前後 750mℓ　1600円前後
相性のいい料理	スイーツ
問合せ	弘前シードル工房kimori P183 (53)

青森県

弘前シードル工房kimori

kimoriシードル ドライ

瓶内二次発酵で自然に仕上げ、りんご本来の風味を重視。4〜5週間発酵させるドライは、りんごの甘味と香りも濃厚だが、ほのかに感じる酸がその甘味をやわらげ、後味は意外とすっきり。魚料理や肉料理などと相性がよく、食中酒としても活躍しそう。

アルコール度数	6%
泡の多さ	●●○○○○
価格目安	375mℓ　900円前後 750mℓ　1600円前後
相性のいい料理	魚介こってり
問合せ	弘前シードル工房kimori P183 (53)

青森県

GARUTSU

弘前アップルシードル

醸造所名は、地元「津軽」をもじったアナグラムから。地産の食と酒の新しい提案を目指しており、シードルづくりはその最たるもの。海の幸に合うことを目指し、さっぱりとした飲み口に。焼き魚、白子やなまこ酢なども懐深く受け止めてくれそう。

アルコール度数	9%
泡の多さ	●○○○○○
価格目安	750mℓ　1700円前後
相性のいい料理	魚介あっさり　魚介こってり
問合せ	GARUTSU P183 (54)

青森県

弘前シードル工房kimori

kimoriシードル ハーベスト

収穫時期限定で、毎年10月下旬に発売される初搾りシードル。約2000本限定で毎年楽しみにしている人も多い。乳酸をイメージするようなまろやかでコクのある旨味がある。アサリの酒蒸しや塩麹を使った料理、山菜といった和食と合わせたい。

アルコール度数	5%
泡の多さ	●○○○○○
価格目安	750mℓ　1600円前後
相性のいい料理	魚介あっさり　野菜
問合せ	弘前シードル工房kimori P183 (53)

※数量限定

◉ 青森県

A-FACTORY
アオモリシードル ［スパークリング］ スタンダード

低温でじっくり熟成。洗練されたクリアな口当たりで、りんごの風味を感じるフレッシュな味わい。オリーブオイルやマヨネーズを使った野菜料理、ベリーと合わせるのがおすすめ。

アルコール度数	5%
泡の多さ	●●○○○○
価格目安	200mℓ 500円前後　375mℓ 900円前後 750mℓ 1600円前後
相性のいい料理	野菜　ナッツ・フルーツ
問合せ	A-FACTORY P183 ㊺

◉ 青森県

A-FACTORY
アオモリシードル ［スパークリング］ ドライ

シャープな苦味が前面に立ち、すっきりさわやかな辛口。香りもグレープフルーツの皮を連想させる苦味を感じる。ホタテ、アサリなどの貝類、パルメザンチーズと相性がいい。

アルコール度数	7%
泡の多さ	●●○○○○
価格目安	200mℓ 500円前後　375mℓ 900円前後 750mℓ 1600円前後
相性のいい料理	魚介あっさり　チーズ淡
問合せ	A-FACTORY P183 ㊺

◉ 岩手県

ベアレン醸造所
イングリッシュ・サイダー

瓶1本につき、りんご2個分を使用。英国パブでポピュラーに飲まれている、シャープな味わいを目指した。時期によってりんごの種類が異なり、生産ごとの味の違いを楽しむのも醍醐味。

アルコール度数	6～7%
泡の多さ	●●○○○○
価格目安	330mℓ　400円前後
相性のいい料理	肉あっさり　肉こってり
問合せ	ベアレン醸造所 P183 ㊻

◉ 青森県

A-FACTORY
アオモリシードル ［スパークリング］ スイート

口の中にまろやかな甘味と、りんご酸由来のおだやかな酸味がふんわりと広がる。甘さがあとを引かず、心地よい後味。脂のある肉料理やクセのあるチーズと合わせるとおいしさがアップ。

アルコール度数	3%
泡の多さ	●●○○○○
価格目安	200mℓ 500円前後　375mℓ 900円前後 750mℓ 1600円前後
相性のいい料理	肉こってり　チーズ濃
問合せ	A-FACTORY P183 ㊺

岩手県

五枚橋ワイナリー

盛岡シードル ふじ

盛岡市北上川東岸産のふじを使用。スパークリングワイン用の酵母を使用し、厚みのあるワインのような仕上がりに。苦味の原因となるりんごの芯と種を手作業で取り除き、果肉の特徴を前面に押し出したふくよかな辛口。クリーム系の料理に。

アルコール度数	12%
泡の多さ	●○○○○○
価格目安	720mℓ　2000円前後
相性のいい料理	肉こってり 野菜 チーズ淡
問合せ	五枚橋ワイナリー P183 ⑤⑦

※期間限定販売、少量生産

岩手県

五枚橋ワイナリー

盛岡シードル ジョナゴールド

原料は、盛岡市北上川東岸産の完熟ジョナゴールドを使用。シャンパン用の酵母を使用し、4ヶ月間のシュール・リー（タンクの中で澱を取らずに貯蔵し、酵母の旨味を引き出す手法）を経て清澄。味に奥行きのある大人向けのシードル。

アルコール度数	11%
泡の多さ	●○○○○○
価格目安	720mℓ　2000円前後
相性のいい料理	肉あっさり 魚介あっさり 野菜
問合せ	五枚橋ワイナリー P183 ⑤⑦

※期間限定販売、少量生産

◉ 岩手県

THREE PEAKS

りんご屋まち子のアップルシードル

希少な老木から収穫したりんごを原料にし、潔い辛口に。さわやかな甘苦さとミルキーな香りをあわせもち、揚げ物や餃子、濃厚な味付けの料理にも。2018年5月にワイナリー完成予定。

アルコール度数	8%
泡の多さ	●●●○○○
価格目安	375mℓ　1400円前後 750mℓ　2200円前後
相性のいい料理	肉こってり　魚介こってり
問合せ	THREE PEAKS P183 (58)

※委託醸造

◉ 岩手県

五枚橋ワイナリー

五枚橋林檎ワインふじ樽発酵

油圧による時間をかける圧搾や低温発酵など素材の持ち味を生かす仕込みを採用。赤ワインに使っていたフレンチオーク樽で果汁発酵をした。その味わいは、厚みがあって端正な品が漂う。

アルコール度数	11.5%
泡の多さ	○○○○○○　なし
価格目安	750mℓ　2000円前後
相性のいい料理	肉あっさり　魚介あっさり　ナッツ・フルーツ
問合せ	五枚橋ワイナリー P183 (57)

※少量生産

◉ 岩手県

ソーシャルファーム&ワイナリー

釜石林檎シードル

岩手県釜石の「二本松農園」で育てたりんご「ジョナゴールド」を用い、長野県のワイナリーが醸造を担当。りんご本来の風味と酸味を生かすドライタイプ。出汁のきいた和食にも合わせたい。

アルコール度数	6%
泡の多さ	●●○○○○
価格目安	750mℓ　2000円前後
相性のいい料理	魚介あっさり　野菜
問合せ	遠野まごころネット P183 (59)

◉ 岩手県

ソーシャルファーム&ワイナリー

遠野林檎シードル

岩手県遠野の「菊池農園」による、減農薬栽培のりんごのみを使用。長野県のワイナリーが、地域の人々が新しい希望をもつことを目的に醸造を担当した。青っぽい香り、辛口でライトな飲み口。

アルコール度数	6%
泡の多さ	●●○○○○
価格目安	750mℓ　2000円前後
相性のいい料理	魚介あっさり　野菜
問合せ	遠野まごころネット P183 (59)

岩手県

エーデルワイン

星の果樹園シードル

地元、奥州市江刺区では献上品として知られるサンふじを贅沢に使用。太陽の光をいっぱいに浴びたりんごをそのままをギュッと搾って詰めたような、フレッシュでリッチな味わい。泡切れもよく、素直なおいしさに満たされる。

アルコール度数	11.5%
泡の多さ	●●●●○○
価格目安	720㎖　1600円前後
相性のいい料理	魚介あっさり
問合せ	エーデルワイン P183 ⑥⓪

岩手県

エーデルワイン

にごりスパークリングワイン ヒメコザクラ・シードル

発酵途中のりんごのワインを瓶に詰め、瓶内で発酵を行うことで、いっそうフレッシュな発泡感と飲み口を実現。濁りの残る粗濾過のみの処理で、豊かな香りを楽しめる。キレがよく、軽やかな苦味があり、“切る食中酒”として活躍しそう。

アルコール度数	9%
泡の多さ	●●○○○○
価格目安	720㎖　1600円前後
相性のいい料理	肉こってり　エスニック
問合せ	エーデルワイン P183 ⑥⓪

山形県

タケダワイナリー

サン・スフル シードル

サン・スフルとは、亜硫酸（酸化防止剤）を使わない醸造法。発酵中のワインを瓶詰めし、ガスが溶け込むことでスパークリングとなる瓶内一次発酵を採用。天然の細やかな泡が華やかな香りを引き立て、しっかりした酸が、食欲をそそる！

アルコール度数	7%
泡の多さ	●●●●●●
価格目安	750mℓ　2200円前後
相性のいい料理	魚介あっさり　野菜
問合せ	タケダワイナリー P183 ㊷

秋田県

オカノウエプロジェクト

OKANOUE 麓渓（ろくとけい）

日本有数のりんご産地である秋田県横手市でシードルをつくりたいと発足したプロジェクト。横手産のふじ100%で、シリーズ最強のドライな味わいでアルコール度数も11%と高い。苦味のインパクトが強烈で、辛口の日本酒好きにおすすめしたい。

アルコール度数	11%
泡の多さ	●○○○○○
価格目安	750mℓ　2500円前後
相性のいい料理	肉こってり　野菜
問合せ	オカノウエプロジェクト P183 ㊶

◉ 山形県

朝日町ワイン

朝日町シードル 無袋ふじ

実に袋をかけず、小さなうちから太陽の光をいっぱいに浴びた蜜入りの完熟りんご、無袋ふじが原料。果実感とさわやかな酸味、フレッシュ感があり、シャルドネを思わせる"ワイン感"がたっぷり。

アルコール度数	7%
泡の多さ	●●●○○○
価格目安	750㎖　1600円前後
相性のいい料理	魚介あっさり
問合せ	朝日町ワイン P183 (63)

◉ 山形県

朝日町ワイン

朝日町シードル Cidre Sec やや甘口

山形県朝日町はおいしいりんごを追求し、日本初のりんごの無袋栽培を確立。上品な甘さとジューシーな食感のシナノスイートと、山形県オリジナル品種・秋陽を使用。特有の発酵の香りあり。

アルコール度数	7%
泡の多さ	●●●○○○
価格目安	750㎖　1600円前後
相性のいい料理	肉あっさり　魚介あっさり　ナッツ・フルーツ
問合せ	朝日町ワイン P183 (63)

◉ 山形県

高畠ワイナリー

高畠シードル

東北屈指のワイン生産者、高畠ワイナリーが手がける。県産の完熟りんごでつくられ、"蜜感"たっぷりの甘味できれいな飲み口。きめ細やかな気泡でエレガントな雰囲気も。食前から食後まで。

アルコール度数	8%
泡の多さ	●●●○○○
価格目安	750㎖　1500円前後
相性のいい料理	肉こってり　チーズ濃
問合せ	高畠ワイナリー P183 (65)

◉ 山形県

月山トラヤワイナリー

やまがたシードル

なだらかな丘陵地大江町。町のりんご生産農家約120名で構成している大江りんご部会が丹念に育てたふじ、紅玉といった完熟りんごを使用。清楚でいて、リッチで華やかな香りも漂う。

アルコール度数	8%
泡の多さ	●●●●●○
価格目安	750㎖　1600円前後
相性のいい料理	チーズ淡　ナッツ・フルーツ
問合せ	千代寿虎屋酒造 P183 (64)

福島県

羽山果樹組合・長南幸男

グリーンシードル

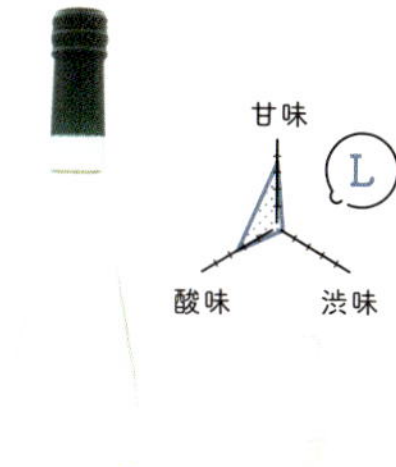

丁寧に手摘みした、完熟前のつがるという品種の青りんごを中心に使用。しっかり甘味をたたえつつも、さわやかな酸が立ち、よいバランスに仕上げている。適温10度前後に冷やして味わおう。

アルコール度数	5%
泡の多さ	●●●●○○
価格目安	250mℓ　700円前後 500mℓ　1400円前後
相性のいい料理	ナッツ・フルーツ
問合せ	ふくしま農家の夢ワイン P183 (66)

福島県

羽山果樹組合

シードル

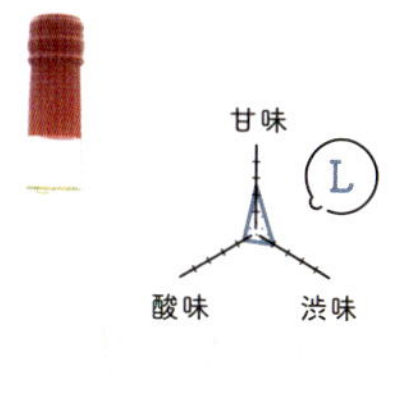

地元の農家の人々が養蚕所だった場所を、ワイナリーに再生。一貫生産のため、安全性の高さに自信を持つ。さっぱりとした飲み口で、味噌煮など甘味のきいた和食にも寄り添ってくれそう。

アルコール度数	8～10%
泡の多さ	●●●●○○
価格目安	250mℓ　700円前後 500mℓ　1400円前後
相性のいい料理	魚介こってり　チーズ淡　ナッツ・フルーツ
問合せ	ふくしま農家の夢ワイン P183 (66)

COLUMN 5

日本シードルの友には漬け物がおすすめ

シードルとチーズの相性のよさはいうまでもないですが、チーズと同じぐらい日本のシードルと合うのが漬け物。麹や砂糖を使うため少し甘めの「べったら漬」はカマンベール、独特の香りがある「奈良漬」はブルーチーズのような感覚で合わせられます。また、同じ地域のお酒とつまみが合うように、長野県の辛口のシードルには「野沢菜漬」がぴったりです。漬け物とチーズはかけ離れた存在のようで、実は発酵食品という点では同じ。地名が名前になっているものが多いという共通点もあります。ちょっと気軽にシードルを楽しみたいときは、漬け物を合わせてみてください。

福島県

ふくしま逢瀬ワイナリー

CIDRE

果樹農業の六次産業化に向け、2015年10月に完成した醸造所。原料の福島県産「ふじ」は、開花から収穫までが長く、太陽をたっぷり浴びて完熟。甘さの後に軽い苦味が追いかけてくる飲み口。

アルコール度数	11%
泡の多さ	●●●●○○
価格目安	750mℓ　2200円前後
相性のいい料理	魚介あっさり　チーズ淡
問合せ	ふくしま逢瀬ワイナリー P183 (67)

◉ 宮城県

仙台秋保醸造所

シードル・ドルチェ

宮城県産のふじの甘味と香りを生かして仕上げた。塩キャラメルを思わせる甘く豊潤な香りでスイーツのよう。コクのあるふくよかな甘味だが、重すぎずちょうどいいバランス。甘いものを合わせることで、甘味に奥行きが出て、まろやかになる。

アルコール度数	6%
泡の多さ	●○○○○○
価格目安	375mℓ　1200円前後
相性のいい料理	ナッツ・フルーツ　スイーツ
問合せ	仙台秋保醸造所 P183 ㊳

※5月ごろからの限定販売

◉ 宮城県

仙台秋保醸造所

シードル・ブリュット

宮城県産のふじ、ジョナゴールド、サワールージュを使い、ミネラル感あふれる香り。甘さ控えめで、パンチの強い苦味が主張したキリッと辛口。酸味や渋味は、ほのかに感じる程度。カキやツブ貝といった苦味のある魚介の料理と合わせたい。

アルコール度数	9%
泡の多さ	●○○○○○
価格目安	375mℓ　1200円前後
相性のいい料理	肉こってり　魚介あっさり
問合せ	仙台秋保醸造所 P183 ㊳

※5月ごろからの限定販売

群馬県

奥利根ワイナリー

アップルワイン

りんごの果実をイメージしたパッケージがかわいい。奥利根産のりんごで辛口のりんごワインをつくってから、補糖して甘くしたスティルタイプで、フルーティな日本酒のような味わい。

甘味 / 酸味 / 渋味 L

アルコール度数	10%
泡の多さ	○○○○○○ なし
価格目安	310mℓ 800円前後
相性のいい料理	肉あっさり 魚介こってり
問合せ	奥利根ワイン P183 (69)

※限定醸造

群馬県

奥利根ワイナリー

シードル（りんごのスパークリングワイン）

「Okutone Wine」に炭酸ガスを充填して発泡タイプに。りんごの甘くやさしい香りは変わらず、シャープな酸味と苦味が効いたキレのあるドライな味わい。揚げ物や肉料理の脂分を流してくれる。

甘味 / 酸味 / 渋味 L

アルコール度数	9%
泡の多さ	●○○○○○
価格目安	375mℓ 900円前後
相性のいい料理	肉あっさり 肉こってり
問合せ	奥利根ワイン P183 (69)

※限定醸造

COLUMN 6

新しい発見がある試飲会をチェックしよう

全世界に1000種類以上あるといわれるシードルですが、日本で味わえるのは国内外合わせて約300種類。シードル人気にともなって、徐々に増えていますが、まだほんの一部に過ぎません。ですが、シードルのお店ガイド（P.172〜）で紹介しているバーやレストランでは、シードルの試飲会やフードマッチングのイベントなどが行われることもあり、日本未入荷や数量限定などレアなシードルに出合える可能性があります。シードルが気になってきたという人は、ウェブサイトやFacebookなどをチェックして、ぜひ参加してみましょう。シードルの世界が開けること間違いなしです。

群馬県

道の駅 川場田園プラザ

川場シードル

川場村のふじ100%。日本のりんごらしい甘くやさしい香りが凝縮されている。火入れして発酵を止めることで甘さをキープ。苦味や酸味はわずかで、もぎたてのりんごのフレッシュな味。

甘味 / 酸味 / 渋味 M

アルコール度数	3%
泡の多さ	●○○○○○
価格目安	330mℓ 400円前後 750mℓ 2400円前後
相性のいい料理	チーズ淡
問合せ	道の駅 川場田園プラザ P183 (70)

※限定醸造

◉ 茨城県

木内酒造

常陸野シードル 常陸野リンゴのワイン

もぎたての国産りんごを、新鮮なうちに殺菌加工をせずに発酵。自然由来の天然酵母を用い、複雑な香味を醸し出している。清涼感が吹き抜けるキリリとした酸味が特徴で、脂っこい料理とも相性がいい。氷を入れてグビグビと飲んでみたい。

アルコール度数	6〜8%
泡の多さ	●●●○○○
価格目安	550mℓ　900円前後
相性のいい料理	肉こってり
問合せ	木内酒造 P183 ⑫

◉ 群馬県

松井りんご園×Eclipse first

ぐんまシードル

シードル専門バー「Eclipse first」と店主の地元・沼田市のりんご農家「松井りんご園」とのコラボボトル。蜜が多く、少量生産なことから、“幻の黄色いりんご”と評されるぐんま名月を使用。フルーツケーキを彷彿(ほうふつ)させる甘さと酸味に仕立てた。

アルコール度数	4%
泡の多さ	●●●●●○
価格目安	750mℓ　店頭価格
相性のいい料理	肉あっさり　魚介あっさり
問合せ	Bar Eclipse P183 ⑪

※委託醸造。店舗での提供のみ

長野県

のらのらファーム

La Nora

飯綱町のりんご農家「のらのらファーム」が育てたシナノスイート95%、紅玉5%を使用。若々しい草花の香りを感じる。甘味、酸味とも控えめで、サラリと淡白な味わい。焼き魚や干物、南蛮漬けなどのあっさりとした魚介料理のほか、そばもおすすめ。

アルコール度数	8%
泡の多さ	●●○○○○
価格目安	750㎖　1600円前後
相性のいい料理	魚介あっさり
問合せ	のらのらファーム P183 ⑭

※委託醸造

長野県

サンクゼール

いいづなシードル ブラムリー・ふじ

青りんごのブラムリーとふじをブレンド。青梅を思わせるさわやかな甘酸っぱい香りが快い。瓶内二次発酵で、甘味、酸味が際立つしっかりとしたボディだが、甘さが残らないキレのよさは秀逸。「フジ・シードル・チャレンジ2017」で銅賞受賞。

アルコール度数	6%
泡の多さ	●●○○○○
価格目安	750㎖　1900円前後
相性のいい料理	ナッツ・フルーツ　スイーツ
問合せ	サンクゼール P183 ⑬

長野県

一里山農園

いちりやまシードル 甘口

フランスの伝統的な製法に則り、瓶内二次発酵。辛口に比べ、甘味がぐっと増し、心地よい苦味もあるため、しっかりしたボディ感。蜂蜜酒のミードやヨーグルト、乳酸を思わせるニュアンスも。料理と合わせずともこのまま味わえる一本。

アルコール度数	8%
泡の多さ	●●○○○○
価格目安	750mℓ　1700円前後
相性のいい料理	ナッツ・フルーツ　スイーツ
問合せ	一里山農園 P183 ⑦⑤

※委託醸造

長野県

一里山農園

いちりやまシードル 辛口

フランスの伝統的な瓶内二次発酵（シャンパーニュ製法）を採用。自然なつくりを表すかのように、澱が瓶底にたまっている。品種はふじのみだがしっかりとした酸があり、グレープフルーツのような心地よい渋味、苦みもあり、食中酒としても期待。

アルコール度数	8%
泡の多さ	●●●○○○
価格目安	750mℓ　1700円前後
相性のいい料理	野菜
問合せ	一里山農園 P183 ⑦⑤

※委託醸造

フランス
イギリス
スペイン
アメリカ
日本
その他の国

長野県

羽生田果樹園／はねげん

田舎風 発酵シードル 極辛口

自家栽培したりんごを使い、約6ヶ月間瓶内二次発酵。苦味もあるが、それ以上に酸味が絡んで、すっきりとしたシャープな味わいに。亜硫酸無添加のため品質保証期間などが記載されている。

アルコール度数	9%
泡の多さ	●●●●○○
価格目安	750mℓ　2500円前後
相性のいい料理	魚介あっさり
問合せ	羽生田果樹園／はねげん P183 ⑺

※委託醸造

長野県

たかやしろファーム&ワイナリー

シードル 辛口

信州産のサンふじ100%。瓶内二次発酵。甘さ控えめのすっきりとした辛口だが、穏やかな苦味とやわらかな酸味がさらに味を引き締める。和食をはじめ、どんな料理とも相性がよさそう。

アルコール度数	8%
泡の多さ	●●●●○○
価格目安	360mℓ　700円前後 750mℓ　1400円前後
相性のいい料理	魚介あっさり　野菜　チーズ淡
問合せ	たかやしろファーム&ワイナリー P183 ⑯

長野県

西飯田酒造店

積善 シードル あまくち

あくまで糖類では補糖せず、つがるのりんごジュースを加えて瓶内二次発酵させた「あまくち」。蜜の香りが満ち、甘味と酸味のバランスのよさを堪能できる。シードル単体で楽しめる。

アルコール度数	5%
泡の多さ	●●●●○○
価格目安	750mℓ　1900円前後
相性のいい料理	ナッツ・フルーツ
問合せ	西飯田酒造店 P183 ⑱

長野県

西飯田酒造店

積善 シードル カラクチ

江戸末期創業の日本酒の蔵元がつくったもの。日本酒でも使う花酵母(日々草)で仕込んだ意欲作だ。甘酸っぱい香りが漂い、爽快な酸味が立つ。瓶内二次発酵による心地よい泡が広がる。

アルコール度数	8%
泡の多さ	●●●●●○
価格目安	750mℓ　1900円前後
相性のいい料理	肉こってり
問合せ	西飯田酒造店 P183 ⑱

長野県

リュードヴァン

リュードヴァン・シードル

長野県東御市産ふじを使用。りんご風味の上品でキリッとした酸を感じるが、ほどよく苦味が効いて、ドライな辛口で飲み飽きない。瓶内二次発酵で酵母を適度に残すことで、ふくよかな旨味とコクが生まれる。さっぱり味の料理と合わせたい。

アルコール度数	8%
泡の多さ	●○○○○○
価格目安	750mℓ　1600円前後
相性のいい料理	肉さっぱり　野菜
問合せ	リュードヴァン P183 (79)

※業務用に375mℓ、10ℓ(ケグ)もあり

長野県

リュードヴァン

ポム・ドール シードル・スペリュール

シャンパーニュ製法（熟成させた原酒と調合、澱抜きの手法、瓶内二次発酵など）を取り入れ、手間暇かけたシードル。極めて上品な甘味と酸味があり、長い余韻が続く。まさに銘柄の「ポム・ドール」(金色のりんご）にふさわしい味わい。

アルコール度数	8%
泡の多さ	●●●●●○
価格目安	375mℓ　1800円前後 750mℓ　2600円前後
相性のいい料理	魚介あっさり
問合せ	リュードヴァン P183 (79)

◉ 長野県

日本ワイン農業研究所 アルカンヴィーニュ

アルカンヴィーニュ・シードル

東御市と上田市産のふじを使い、フランス・ブルターニュの伝統的製法に倣った。りんごのさわやかな風味や瓶内発酵による複雑な味わいが特徴。魚介のオリーブ炒めやレモン風味のデザートに。

アルコール度数	8%
泡の多さ	●●○○○○
価格目安	750mℓ　1600円前後
相性のいい料理	魚介あっさり　チーズ淡　スイーツ
問合せ	アルカンヴィーニュ P184 (81)

◉ 長野県

はすみふぁーむ&ワイナリー

はすみふぁーむシードル

つくり手の蓮見よしあきさんは、ぶどう栽培に適した地を求め、2005年より信州・東御市に移住。シードルは、地元産ふじりんごのみを使用。りんごのフレッシュ感、繊細さが伝わる味わい。

アルコール度数	6%
泡の多さ	●●○○○○
価格目安	750mℓ　1500円前後
相性のいい料理	野菜
問合せ	はすみふぁーむ&ワイナリー P184 (80)

◉ 長野県

りんごやSUDA

サクホ・テロワール レ・ポム・ドゥ・ムース

りんご農家3代目にしてソムリエの職歴を持つ須田治男さんのシードル。ポトフ、魚介のカルパッチョなどと楽しみたい。銘柄が意味するのは、「地元・佐久穂の気候風土を泡に閉じ込める」。

アルコール度数	6%
泡の多さ	●●●●●○
価格目安	750mℓ　2700円前後
相性のいい料理	肉あっさり　魚介あっさり　エスニック
問合せ	りんごやSUDA P184 (83)

※委託醸造。ヴィンテージごとにラベルの色やりんごの品種が異なる

◉ 長野県

ヴィラデストワイナリー

ヴィラデスト・シードル

世界の食文化に精通するエッセイスト・画家の玉村豊男さんがオーナーのワイナリー。スモークのニュアンスを感じる複雑な香味とマイルドな味わい。刺激的な発泡が口中に広がり、食欲を増進。

アルコール度数	6%
泡の多さ	●●●●●●
価格目安	750mℓ　1800円前後
相性のいい料理	魚介あっさり　チーズ淡
問合せ	ヴィラデストワイナリー P184 (82)

◉ 長野県

プチポム

果肉が赤い姫リンゴのシードル Petite pomme SIDRE

上品なローズピンクの色から想像する通り、香りも甘酸っぱいいちごジャム。丸みのある酸味とやさしい甘味で、フルーツとの相性もいいが、こってりとした肉料理もさっぱりといただけそう。

アルコール度数	5%
泡の多さ	●●●○○○
価格目安	500mℓ 2600円前後
相性のいい料理	肉こってり ナッツ・フルーツ
問合せ	プチポム P184 (84)

※委託醸造、少量生産、酸化防止剤無添加

◉ 長野県

プチポム

姫リンゴのロゼワイン Petite pomme ROUGÉ

姫リンゴの果肉色素を生かしたスティルのロゼワイン。サクランボの甘酸っぱい香り。甘味もあるが、酸味と渋味が際立ち、すっきり。「フジ・シードル・チャレンジ2017」で銅賞受賞。

アルコール度数	9%
泡の多さ	○○○○○○ なし
価格目安	750mℓ 3400円前後
相性のいい料理	肉あっさり 肉こってり
問合せ	プチポム P184 (84)

※委託醸造、少量生産、酸化防止剤無添加

◉ 長野県

プラスフォレスト

軽井沢アンシードル ドライ

さわやかなりんごの香りが心地よく、甘味と酸味のバランスがちょうどいい。フレッシュな味わいの軽やかな飲み口で、しっかりとした果実味が感じられる。ほんのり広がる苦みが、魚料理に合う。

アルコール度数	7%
泡の多さ	●●○○○○
価格目安	375mℓ 1000円前後 750mℓ 1700円前後
相性のいい料理	魚介あっさり
問合せ	プラスフォレスト P184 (85)

◉ 長野県

プラスフォレスト

軽井沢アンシードル セミスイート

小諸産のりんごを使い、品種は毎年変わる。すももの風味と苦みがアクセントになって、すっきりとした甘さに。甘すぎず、ほどよい酸味がいいバランス。飲みやすく、シードル初心者におすすめ。

アルコール度数	9%
泡の多さ	●●●○○○
価格目安	330mℓ 1000円前後
相性のいい料理	肉あっさり
問合せ	プラスフォレスト P184 (85)

長野県

丘の上ファーム原農園

La collina Fuji

ラ・コリーナ・フジ

蜜入り完熟のサンふじのみを使い、瓶内二次発酵で仕上げた。さっぱりとした辛口だが、穏やかでエレガントな飲み心地。若々しい草花香もさわやか。白身魚のカルパッチョやマリネとともに。

アルコール度数	8%
泡の多さ	●○○○○○
価格目安	750mℓ　2000円前後
相性のいい料理	魚介あっさり　チーズ淡
問合せ	丘の上ファーム原農園 P184 (87)

※委託醸造

長野県

マンズワイン

信州シードル やや甘口

フローラルな香り。果実味あふれるしっかりとした甘さがあるが、酸味とのバランスがよく、さわやかですっきりとした口当たり。タンブラーなどで、氷を入れてグビグビ飲むスタイルが似合う。

アルコール度数	5%
泡の多さ	●●●○○○
価格目安	500mℓ　600円前後
相性のいい料理	肉あっさり　チーズ濃
問合せ	キッコーマンお客様相談センター P184 (86)

COLUMN 7

シードルと呼ぶよりサイダーがふさわしい!?

日本では、「シードル」という呼び方が定着していますが、近年はできあがりの味や目指すイメージから、あえて「サイダー」と名付ける生産者も増えてきています。世界的なシードル専門のライターで、『世界のシードル図鑑』(原書房)の共著者であるビル・ブラッドショー氏が来日し、シードルの醸造所を視察してまわった際も、「日本のシードルは製造工程でデフェカシオン (P.23) を行わず、イギリスのつくり方に近いから、サイダーと呼ぶほうがふさわしいのではないか」という提言がありました。近い将来、シードルとサイダーという2つの呼び方が共存する時代が来るかもしれません。

長野県

りんご屋たけむら

シードル Goutte de soleil

ジョナゴールド、紅玉、むつ、シナノスイートなど8種類をブレンド。軽くクリアな味わいで、どんな料理にも合いそう。若い青りんご、白い花や甘い蜜など、フレッシュで上品な香りも心地よい。

アルコール度数	7%
泡の多さ	●●○○○○
価格目安	375mℓ　900円前後 750mℓ　1600円前後
相性のいい料理	肉こってり　フルーツ
問合せ	りんご屋たけむら P184 (88)

※委託醸造

長野県

カモシカシードル醸造所

甘口-Doux
(La 2e saison)

10月ごろから収穫が始まる中生（なかて）種の紅玉とシナノスイートをブレンドし、瓶内二次発酵。「フジ・シードル・チャレンジ2017」で金賞受賞。マスカットのような甘い香りとりんごのピュアな風味に続く、カラメルのような甘味が心地よい。

アルコール度数	8%
泡の多さ	●●○○○○
価格目安	750mℓ　1600円前後
相性のいい料理	ナッツ・フルーツ　スイーツ
問合せ	カモシカシードル醸造所 P184 ⑧⑨

長野県

カモシカシードル醸造所

辛口-Brut
(La 3e saison)

11月後半から収穫が始まる晩生（おくて）種のふじをベースに、グラニースミスをブレンドして、瓶内二次発酵。「フジ・シードル・チャレンジ2017」で銀賞受賞。パイナップルのようなやさしい酸味が効いたフレッシュな味わい。

アルコール度数	8%
泡の多さ	●●○○○○
価格目安	750mℓ　1600円前後
相性のいい料理	魚介あっさり　野菜
問合せ	カモシカシードル醸造所 P184 ⑧⑨

長野県

南信州まつかわ りんごワイン・シードル振興会

まつかわシードル Marry.

松川町の6軒の農家のりんごでつくられ、「Marry」と命名されたシードル。4種類のりんごに洋なしのル・レクチェを加えることで引き出された、グレープフルーツを思わせるさわやかな苦味が絶妙。すっきりとみずみずしい香りも特長。

アルコール度数	7%
泡の多さ	●●○○○○
価格目安	750mℓ　1600円前後
相性のいい料理	野菜
問合せ	南信州まつかわ りんごワイン・シードル振興会 P184 (91)

長野県

信州まし野ワイン

ピオニエ・シードル Pionnier Cidre

松川産の20種類以上のりんごをブレンド。力強い苦味が酸味をやわらげ、キレのあるドライな味わいに仕上がっている。日本酒好きに進めたい一本。繊細な和食はもちろん、中華料理など幅広い料理と合わせられる。キンキンに冷やして味わいたい。

アルコール度数	7%
泡の多さ	●●○○○○
価格目安	375mℓ　1000円前後 750mℓ　1900円前後
相性のいい料理	肉こってり　フルーツ
問合せ	信州まし野ワイン P184 (90)

長野県

伊那谷クラウド

Posh りんごの雫

自然が豊かな南信州の魅力を伝える商品づくりを目指し、平成27年7月に設立した会社が手がけた。シードルは、国際りんご・シードル振興会、飯田市のりんご農家との共同企画によって誕生。瓶内二次発酵による強めの炭酸の刺激が持ち味。

アルコール度数	8%
泡の多さ	●●●●●○
価格目安	330mℓ 600円前後 750mℓ 1500円前後
相性のいい料理	魚介あっさり
問合せ	伊那谷クラウド P184 (93)

※委託醸造

長野県

喜久水酒造

Kikusui Cidre

ふじ、シナノゴールド、紅玉、秋映、シナノスイートを主体に、南信州産りんごを100%使用。りんごの蜜っぽさを感じる甘味で、甘辛い味付けの肉料理、アップルパイなどとの好相性が思い浮かぶ。ドライタイプ、スイートタイプも登場。

アルコール度数	6%
泡の多さ	●●○○○○
価格目安	300mℓ 500円前後 720mℓ 1100円前後
相性のいい料理	肉こってり　スイーツ
問合せ	喜久水酒造 P184 (92)

長野県

Farm & Cidery KANESHIGE

ファーマーズ・アップルワイン

平均年齢29歳、2017年に初リリースを遂げた若さ溢れる醸造所。こだわりの栽培法で育てたりんごを用いた、非発泡性のアップルワイン。やや甘口で、果実感とともにどこかクリーミーな味わいが広がる。カルボナーラやグラタンなどとも相性よし。

アルコール度数	7%
泡の多さ	○○○○○○ なし
価格目安	720mℓ　2200円前後
相性のいい料理	チーズ淡
問合せ	Farm & Cidery KANESHIGE P184 (94)

長野県

Farm & Cidery KANESHIGE

ファーマーズ・クラフトサイダー

長野県では初の自家栽培・自家醸造の醸造所で、減農薬・無化学肥料有機栽培のりんごを使用。「その年のりんごの味をさまざまなシーンで気軽に飲んでいただけたら」との思いがこもる。辛口の極めてライトな飲み口で、ゴクゴク飲めてしまう。

アルコール度数	7%
泡の多さ	●●●○○○
価格目安	750mℓ　2200円前後
相性のいい料理	肉こってり　魚介あっさり　野菜
問合せ	Farm & Cidery KANESHIGE P184 (94)

◉ 長野県

アデカ

マディアップル（ドライ）

日本ワインの「ネゴシアン」を目指すアデカのシードル。長野県産のふじを使用。苦みとほどよい酸味が、中華料理などをさっぱりとさせる。「フジ・シードル・チャレンジ2017」で銅賞受賞。

アルコール度数	7%
泡の多さ	●●●●○○
価格目安	750mℓ　1600円前後
相性のいい料理	肉あっさり
問合せ	アデカ P184 (96)

※委託醸造（アデカ社プロデュース）

◉ 長野県

ノーザンアルプスヴィンヤード

クラフトシードル

若手ワイン醸造家が手がけるシードル。レモンやマスカットをイメージさせるフレッシュな香り。ドライでとても軽やかな飲み口で、揚げ物や香辛料やハーブの効いたエスニック料理とも相性◎。

アルコール度数	6%
泡の多さ	●●●●●○
価格目安	750mℓ　1600円前後
相性のいい料理	肉こってり　エスニック
問合せ	ノーザンアルプスヴィンヤード P184 (95)

◉ 長野県

帯刀りんご農園

オビナタシードル

信州・安曇野で大正時代から4代にわたってりんご栽培を行ってきた農園のふじ主体のシードル。穏やかな酸、繊細なフレッシュ感が特徴。山菜や川魚の塩焼きなどと相性がよさそう。

アルコール度数	8%
泡の多さ	●●●○○○
価格目安	750mℓ　2200円前後
相性のいい料理	魚介あっさり　野菜
問合せ	帯刀りんご農園 P184 (98)

※委託醸造

◉ 長野県

福源酒造

ルルベル・シードル

江戸宝暦8年（1758）創業の歴史ある蔵元がつくったシードル。信州産りんご100%の果汁を瓶内二次発酵させた、きめ細やかな発泡感。草花のような香り、フレッシュですっきりとドライな味わい。

アルコール度数	7%
泡の多さ	●●●●○○
価格目安	330mℓ　700円前後 750mℓ　1600円前後
相性のいい料理	野菜　チーズ淡
問合せ	福源酒造 P184 (97)

※長野県原産地呼称登録商品

東京都

東京ワイナリー

東京ワイナリー×東京都清瀬市産ふじのシードル

草花香とともに、アップルビネガーのような酸味が広がる。酸味、渋味のバランスがよく、まろやかな味わい。亜硫酸無添加。酵母が生きている可能性があるため、開栓の際はゆっくり慎重に。しょう油や砂糖を合わせた甘辛いタレと絶好の相性。

アルコール度数	7%
泡の多さ	●●●○○○ なし
価格目安	750mℓ　2000円前後
相性のいい料理	肉こってり
問合せ	東京ワイナリー P184 ⑩⑩

山梨県

ルミエール

ルミエール・シードル

タンク内での一次発酵が終了したあと、果実本来の味わいを生かすため無濾過で瓶詰め。控えめに味のバランスが取れつつ、酸味が際立つ。甘さはあまり感じず、キリッとした苦みがアクセントに。野沢菜漬やそばなど苦みのある料理と合う。

アルコール度数	7%
泡の多さ	●●●●○○
価格目安	750mℓ　1600円前後
相性のいい料理	魚介あっさり　野菜
問合せ	ルミエール P184 ㊾

◉ 広島県

中国醸造

Shiki シードル スパークリング

やさしいりんごの香りが漂う。ふじのフレッシュな甘味をギュッと詰め込んだ深みのある味わいで、しっかりとしたボディ。カーボネーション（P23）による強炭酸で、すっきりとした飲み心地。さまざまなタイプのチーズと合わせて楽しみたい。

アルコール度数	5%
泡の多さ	●●●○○○
価格目安	375mℓ　800円前後 750mℓ　1500円前後
相性のいい料理	チーズ淡　チーズ濃　ナッツ・フルーツ
問合せ	中国醸造 P184 ⑩②

◉ 富山県

SAYS FARM

SAYS FARM シードル

富山県産ふじを使用。低温状態で一次発酵を2ヶ月半、濾過を経て3ヶ月半以上瓶内二次発酵。軽やかな泡立ちとすっきりさっぱりとした飲み口で、じんわり広がる苦みが味わいを引き締める。フルーティなピーチを思わせる香りの余韻が心地よい。

アルコール度数	7%
泡の多さ	●●●○○○
価格目安	375mℓ　1100円前後 750mℓ　1800円前後
相性のいい料理	肉こってり　魚介あっさり
問合せ	SAYS FARM P184 ⑩①

島根県

奥出雲葡萄園
シードル 赤来（あかぎ）

島根県・赤来高原産のりんごを使い、瓶内二次発酵のあとデゴルジュマンも行っている。まろやかな甘みの中のほのかな苦みがアクセントとなり、全体の味わいを軽やかなものに仕上げている。

アルコール度数	8.5%
泡の多さ	●●●○○○
価格目安	750mℓ　1900円前後
相性のいい料理	魚介あっさり　野菜
問合せ	奥出雲葡萄園 P184 ⑩④

※少量生産

広島県

福山わいん工房
マルマルド・ブリュット

田舎方式で発酵。ハーブを感じる草花香があり、苦味のインパクトが強いが、甘味と酸味が加わり、ほどよくすっきりとしたドライな味わい。ハーブが効いた料理のほか、揚げ物ともよく合う。

アルコール度数	8%
泡の多さ	●●●○○○
価格目安	750mℓ　1600円前後
相性のいい料理	肉こってり　魚介あっさり
問合せ	福山わいん工房 P184 ⑩③

愛知県

鶴見酒造
かいぶつ島シードル

りんごそのものの味わいを感じるようなフレッシュな香り。甘味が強いが、口中でスーッと消えていき、後味はさっぱり。チーズやフルーツと合わせて食後酒に。低アルコールで飲みやすい。

アルコール度数	3%
泡の多さ	●●●○○○
価格目安	330mℓ　400円前後
相性のいい料理	肉あっさり　チーズ淡　ナッツ・フルーツ
問合せ	鶴見酒造 P184 ⑩⑥

京都府

丹波ワイン
Cidre

青森県弘前市の完熟りんごを使用。もぎたてのりんごのような香りが心地よい。しっかりとした甘味が酸味によってやわらぎ、キレのいい味わいに。西京焼き、すき焼きなどとも好相性。

アルコール度数	5%
泡の多さ	●●●●○○ なし
価格目安	500mℓ　1400円前後
相性のいい料理	魚介こってり　肉あっさり
問合せ	丹波ワイン P184 ⑩⑤

その他の国々のシードル事情

まだ日本への輸入が少ない国もありますが、
さまざまな動きが見られ、じわじわと盛り上がりそうなところも。
シードル好きなら押さえておきたい国や
今後が気になるエリアをピックアップしてご紹介。

1.灰色に青い模様が描かれた壺型のベンベル（bembel）というピッチャーに注いで飲む（写真提供：ドイツ観光局）
2.りんごを収穫するアンドレアス・シュナイダー氏（左）
3.「シュナイダー」のりんご畑

GERMANY
ドイツ

フランクフルトは世界随一のシードル都市

ビールのイメージが強いドイツですが、フランクフルトに限ってはビールと肩を並べるほど、アプフェルヴァイン（シードル）が人気です。約60の醸造所があり、年間4000万ℓものアプフェルヴァインが製造されています。マイン川南岸のザクセンハウゼン地区は、アプフェルヴァインを出すレストランが軒を連ねるアップルワイン地区として有名。8月中旬には、街の中心でアプフェルヴァイン・フェスティバルが開かれ、大勢の人々で盛り上がります。

気軽に飲める軽いタイプから、スペインのシドラのような酸味の強いタイプ、アイスシードルのような甘いタイプなど味わいも多彩です。日本で楽しめるのは「シュナイダー」などごく一部で、国外にはあまり輸出されていません。

1.標高1000mの地に立つ、樹齢約300年のりんごの木　2・3.ヴァッレ・ダオスタ州に今も残る1633年に建てられた醸造所。当時使われていたりんごの搾汁機が残されている　4.「マレイ」の収穫の様子

ITALY
イタリア

かつてのシードル文化を大切に受け継いで

北部にりんごの産地がありますが、生食やジュースが中心。かつては、マッターホルン付近の高地に広がるヴァッレ・ダオスタ州で、フランスやスイスと同じようにシードルがつくられ、日常的に飲まれていたそうです。しかし、1929年に当時のファシスト政権がシードルの製造を禁止し、歴史から消えていきます。

そのなかで、樹齢300年というりんごの木を復活させたのが「マレイ」。高地で育つ果物は味わいや香りが豊かといわれ、個性的なシードルが生み出されています。また、実家の果樹園を継いでシードルづくりに取り組んだ「エッゲル・フランツ」も元植物学者出身というユニークな経歴の持ち主。シードルがメジャーではない国だからこそ、こだわりあふれる味に出合えるのかもしれません。

POLAND

ポーランド

りんごの生産量世界3位国がシードルで本領発揮

ビール大国でもあるポーランドは、実は、世界3位のりんご生産国です（2016年・FAOSTAT）。

以前は、シードルもつくられていたのですが、税率がワインと同じだったため、価格的な理由からなかなか普及しませんでした。

2014年にポーランドの約60％のりんごを輸出していたロシアがりんごを輸入禁止にしたため、約4・4億ユーロもの被害額が出たといわれています。それをきっかけとして「りんごを食べよう」というプロモーションが行われ、ビールと同じ税率になったこともあり、若者の間でシードルの人気が高まっています。

ポーランドは、りんごの世界的に有数な産地として、これからが楽しみな国です。

1・2.ニュージーランドの「ゼファー」の自社りんご農園と隣接する工場

AUSTRALIA NEW ZEALAND

オーストラリア／ニュージーランド

新たなファンをつかみシードル市場が急成長

ヨーロッパ以外で、シードルの消費が急激に増えているのが、オーストラリアとニュージーランド。ビールに代わる低価格のアルコール飲料として支持されています。

最近では、クラフトサイダーに取り組む生産者が現れたり、シードル用品種のりんご栽培に挑戦したりと、このエリアならではのシードルづくりに力を入れる生産者が増えていて、今後の展開が楽しみです。

シードルはわいわい気軽に飲めるお酒として人気

CANADA
カナダ

りんごも豊富で歴史も長いシードル大国

カナダ全土でりんごが栽培され、多様なシードルが流通しています。主なシードルの生産地は、ケベック州、ブリティッシュ・コロンビア州、オンタリオ州、大西洋沿岸のノバスコシア州の4つ。

なかでも、ケベック州は評価が高く、シードル用品種を使うため、タンニンの効いたワインに近い奥深い味わいのものが多いです。ブリティッシュ・コロンビア州はクラフト系、オンタリオ州は食用品種をブレンドして渋味も効いていたり、沿岸部はぴりっとした酸味があったりと、地域によって異なる味わいが楽しめます。

現在、日本ではカナダのシードルは手に入れにくいのですが、カナダの多彩なシードルを日本でも楽しめる日が来るのを期待されています。

SOUTH AMERICA
南米

経済成長とともにシードル文化も発展

アルゼンチンは、気温の低い高原地帯が多いため、実は世界でも有数のりんご産地。祖先とされるイタリア人やスペイン人から伝わったのか、一般的にシードルが普及しています。

とくに、10～12月のクリスマスシーズンはシードルを大量に飲む習慣があり、カウントダウンの乾杯はシードルかシャンパンがお決まり。

同じくスペイン人とのつながりがあるチリやペルーなどの国でも、クリスマスを中心に、祝日用のシードルの消費が伸びているといわれています。非常に暑い気候のため、キンキンに冷やして飲む甘いシードルが人気です。

ASIA & OTHERS
アジアとその他の国々

経済成長とともにシードル文化も発展

台湾、香港、シンガポールなどではスーパーマーケットにシードルが並び、低アルコールのお酒として親しまれています。最近は、イギリスの「ストロングボウ」がベトナムやタイに上陸し、注目を集めています。そして、実は世界一のりんごの生産量を誇るのが中国。その多くを濃縮果汁として輸出していましたが、近年の経済成長にともないシードル市場も盛り上がりつつあります。

また、世界有数のりんご産地である南アフリカも、シードルを語るうえで外せない国。イギリスに迫る勢いのシードル市場として成長中です。現在は、「ディスティル」と「ハンターズ」の大規模メーカーが主要銘柄ですが、クラフトシードルのサイダリーも増えつつあります。

ドイツ

シュナイダー

ディーブウェグ

Schneider
Diebweg‹26›

2013年と2014年をブレンドし、寝かせたことで奥深い味わいが楽しめる。湿った森をイメージさせる香りは、熟成ならでは。甘味、渋味、酸味が全体的に控えめながら、バランスがよく、なめらかな飲み心地。ソーセージやハンバーグなどの肉料理と。

アルコール度数	3.5%
泡の多さ	●●●○○○
価格目安	750mℓ　2600円前後
相性のいい料理	肉こってり
問合せ	MaY P184 ⑩⑦

ドイツ

シュナイダー

ウィルドリング・アフ・ロス

Schneider
Wildlinge Auf Loss‹3›

グラスに注ぐと甘い蜜の香りが立ちあがる。ほのかに広がるタンニンやわずかに感じる酸味で、ふくよかな甘味がすーっと消え、飲み心地がいい。ブルーベリーのような甘いソースを合わせた肉のグリル料理やジビエなど、パンチのある料理とも相性がいい。

アルコール度数	3.5%
泡の多さ	●●●○○○
価格目安	750mℓ　3400円前後
相性のいい料理	肉こってり
問合せ	MaY P184 ⑩⑦

ドイツ

シュナイダー

ロート・シュターンレネット

Schneider
Rote Sternrenette‹27›

シトラスミントをイメージさせる清涼感漂う香り。まず甘味、次に酸味、最後に渋味に包まれることで、すっきりとした後味に。魚介のマリネ、酢ダコなど、ビネガーを効かせた料理が思い浮かぶ。

アルコール度数	2.5%
泡の多さ	●●●○○○
価格目安	750mℓ　3200円前後
相性のいい料理	魚介さっぱり
問合せ	MaY P184 (107)

ドイツ

シュナイダー

カーペティン

Schneider
Carpetin‹32›

単一品種でつくるロットナンバー付きのシリーズで、毎年味が変わる。2015年は、さわやかで華やかな香り。口中に酸味が広がり、すっきりとしたクリアな味わい。乾杯のドリンクにもぴったり。

アルコール度数	4.5%
泡の多さ	●●●○○○
価格目安	750mℓ　3200円前後
相性のいい料理	野菜
問合せ	MaY P184 (107)

炭酸が抜けてしまったシードルがシロップに

フルボトルのシードルを全部飲みきれなくて、炭酸が抜けてしまったときなどに、ぜひおすすめしたいのが「ボイルド・サイダー」。アメリカのニューイングランド以外ではあまり知られていないのですが、パンケーキやヨーグルトにかけるなど、メイプルシロップのように使えます。つくり方は、シードルを鍋に入れて火にかけ、弱火でじっくりと煮詰めていき、元の量の4分の1または5分の1ほどになったらできあがりです。メイプルシロップよりフルーティな甘味があり、ほんのり漂うりんごの香りがおいしさを引き立てます。とても簡単につくれるので、ぜひ試してみてください。

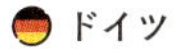

シュナイダー

ローター・トリアラー・ワイナフェル

Schneider
Roter Trierer Weinapfel‹32›

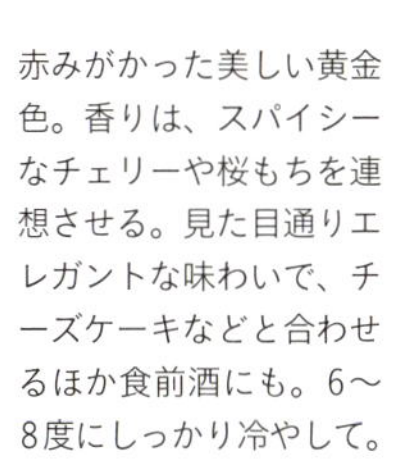

赤みがかった美しい黄金色。香りは、スパイシーなチェリーや桜もちを連想させる。見た目通りエレガントな味わいで、チーズケーキなどと合わせるほか食前酒にも。6〜8度にしっかり冷やして。

アルコール度数	1.5%
泡の多さ	●●●○○○
価格目安	750mℓ　3700円前後
相性のいい料理	スイーツ
問合せ	MaY P184 (107)

● ドイツ

ヘイル社

オーガニックシードル・ロゼ

Heil
Bio Cidre Rose

りんごやブラックカラント、エルダーベリーの果汁をブレンド。果物はすべてオーガニック。カシスリキュールのような甘酸っぱさがあるが、舌先にしっかりとした渋味を感じるドライな後味。

アルコール度数	4.5%
泡の多さ	●○○○○○
価格目安	330mℓ　600円前後
相性のいい料理	肉あっさり　ナッツ・フルーツ
問合せ	ミトク P184 ⑩⑧

● ドイツ

ヘイル社

オーガニックシードル・ゴールド

Heil
Bio Cidre Gold

オーガニックのりんごのほか、洋なしやりんご果汁をブレンド。りんごの甘い蜜の香りに包まれる。口に含むとシャープな酸味があるので、味の濃い料理をさっぱりとさせてくれる。

アルコール度数	4.5%
泡の多さ	●○○○○○
価格目安	330mℓ　600円前後
相性のいい料理	肉こってり
問合せ	ミトク P184 ⑩⑧

● オーストリア

ハリス

フレッシュサイダー・ペアーシードル

Harris
Fresh Cider Pear Cidre

りんごのやわらかな甘味と、ブレンドされた洋なしのさわやかさが見事にマッチ。ふわりと漂う洋なしのフレッシュな香りにも癒やされる。さっぱりとした味わいで幅広い料理に合いそう。

アルコール度数	4.5%
泡の多さ	●○○○○○
価格目安	330mℓ　300円前後
相性のいい料理	チーズ濃
問合せ	HARUNA P184 ⑩⑨

● オーストリア

ハリス

フレッシュサイダー・アップルシードル

Harris
Fresh Cider Apple Cidre

自社農園のりんごを使用。濃厚なりんごやトロピカルな香り。わずかに酸味を感じるが、ダイレクトに広がる甘味で包まれる。スイーツ感覚で楽しめ、カマンベールチーズなども最高の組合せ。

アルコール度数	4.5%
泡の多さ	●○○○○○
価格目安	330mℓ　300円前後
相性のいい料理	チーズ淡
問合せ	HARUNA P184 ⑩⑨

イタリア

エッゲル・フランツ

スィドロ・アッラ・コトーニャ

Egger Franz
Sidro alla Cotogna

甘味 酸味 渋味 L

実家の果樹園を継いだ元植物学者が完全無農薬のりんごと西洋かりん（マルメロ）で醸造。瓶内二次発酵。甘い香りだが、苦味に包まれ甘味がスッと切れるクリーンな味わい。酸とのバランスも◎。

アルコール度数	6%
泡の多さ	●●●○○○
価格目安	750mℓ　2600円前後
相性のいい料理	肉あっさり　野菜
問合せ	エヴィーノ P184 ⑪

オーストリア

グスヴェルク

パパゲーナ・オーガニック・サイダー

Gusswerk
Papagena Organic Cider

甘味 酸味 渋味 M

オーストリアのクラフトビール醸造所によるシードル。完全無農薬で自生しているりんごを贅沢に使用。甘味、酸味、渋味が控えめでバランスがとれた上品な味。やさしくかつ華やかさがある。

アルコール度数	4.5%
泡の多さ	●●○○○○
価格目安	330mℓ　700円前後
相性のいい料理	肉あっさり　肉こってり　魚介こってり
問合せ	グローバルグロサリー P184 ⑩

イタリア

マレイ

シードル・サン・ベルナール・メトド・アンセストラーレ

Malay Cidre du St.Bernard
Methode Ancestrale

甘味 酸味 渋味 L

自然酵母のみで、メトド・アンセストラルという古来の方式を採用した瓶内一次発酵。みずみずしいりんごの果実味や濃厚な甘味があり、貴腐ワインのよう。単体でゆっくりと味わいたい。

アルコール度数	3%
泡の多さ	●●●○○○
価格目安	750mℓ　2400円前後
相性のいい料理	スイーツ
問合せ	テラヴェール P184 ⑫

イタリア

マレイ

シードル・マッターホルン・メトド・クラシコ

Malay Cidre Matterhorn
Methode Classico

甘味 酸味 渋味 L

シャンパーニュ製法の瓶内二次発酵。クリーミーな青いバナナが思い浮かぶ甘い香りが漂う。口に含むと一瞬甘いと感じるが、酸味と渋みが追いかけるように広がり、後味はドライですっきり。

アルコール度数	5.5%
泡の多さ	●●○○○○
価格目安	750mℓ　2500円前後
相性のいい料理	肉こってり
問合せ	テラヴェール P184 ⑫

南アフリカ共和国

ディスティル

サバンナドライ

Distell
Savanna Dry

南アフリカのグラニースミスを使用。甘い蜜の香りがほのかに漂う。しっかりとした甘味があるが、一瞬で消え、さらりとしたドライな味わい。暑い日はより爽快に、氷を入れてグビグビ飲むのもいい。酸味料、香料、カラメル色素の添加あり。

アルコール度数	6%
泡の多さ	●○○○○○
価格目安	330mℓ　200円前後
相性のいい料理	肉こってり　魚介こってり
問合せ	やまや P184 ⑭

スイス

シードルリー・デュ・ヴュルカン

シードル ロウ・ボスコップ

Cidrerie du Vulcain
Cidre Raw Boskoop

2006年ごろからシードルづくりを始め、クリアでナチュラルな味を目指している。ベレ・ド・ボスコップという酸の強いりんご品種を使用。りんごらしいフレッシュな果実味ややわらかな甘味、適度な酸味、ほどよい苦味もあり、実に心地よいバランス。

アルコール度数	5.2%
泡の多さ	●●●○○○
価格目安	750mℓ　2600円前後
相性のいい料理	肉こってり
問合せ	野村ユニソン P184 ⑬

※酒販店対象の卸売のみ

ニュージーランド

ゼファー

クリスプ・アップル・サイダー

Zeffer
Crisp Apple Cider

つくり手の思いが詰まった同社の第一号アイテム。青りんごそのもののフレーバーが味わいに活かされており、心地よい酸味が広がる。ハンバーガーと一緒に、カジュアルにグビグビ飲みたい。

アルコール度数	5%
泡の多さ	●●○○○○
価格目安	330mℓ　500円前後
相性のいい料理	肉こってり　エスニック
問合せ	ウィスク・イー P184 (115)

ニュージーランド

ゼファー

レッドアップル・サイダー

Zeffer
Red Apple Cider

ロゼシャンパンのような夕焼け色は、マハナの赤りんごを使っているゆえ。地元産のりんごのみを使用し、少量ずつつくられる。梅酒のようなニュアンスがあり、氷をたっぷり入れて飲むのもおすすめ。

アルコール度数	5%
泡の多さ	●●○○○○
価格目安	330mℓ　500円前後
相性のいい料理	肉こってり　エスニック
問合せ	ウィスク・イー P184 (115)

オーストラリア

ザ・ヒルズ・サイダー・カンパニー

ヒルズ・サイダー　アップル・シードル

The Hills Cider Company
Hills Cider Apple Cidre

りんご農家が手摘みした新鮮なりんごを少量ずつ醸造。白い花を思わせるエレガントな香り。りんごの果実感あふれる甘味とフレッシュな酸が口中で溶け合う。すっきりと飲みやすく、食中酒向き。

アルコール度数	5%
泡の多さ	●●○○○○
価格目安	330mℓ　600円前後
相性のいい料理	肉こってり　魚介あっさり　野菜
問合せ	モトックス P184 (116)

ニュージーランド

ゼファー

ホップド・サイダー

Zeffer
Hopped Cider

クラフトビールファンにもおすすめの一本。ホップ由来の青々とした香り、南国果実、シトラスフルーツのフレーバーが広がる。青りんごの爽快さが際立ち、揚げ物と合わせると、脂を切ってくれる。

アルコール度数	5.4%
泡の多さ	●●○○○○
価格目安	330mℓ　500円前後
相性のいい料理	肉こってり　魚介こってり
問合せ	ウィスク・イー P184 (115)

 飲食  販売

シードルのお店ガイド

全国にシードルを扱っているお店はたくさんありますが、その中から
いろいろな種類のシードルを飲めるお店や買えるお店をご紹介します。

北海道

クレープリー月

北海道札幌市中央区南4条西20-1-43
☎011-839-4489
https://www.creperie-tsuki.com/

ガレットやブルターニュ風の食事と合わせて、ボトル約7種のシードルが楽しめる。グラスも用意。

BARCOM Sapporo バルコ札幌

北海道札幌市中央区北2条西2-15
STV北2条ビル1F南側 ☎011-211-1954
http://barcom.jp/

オーナーの川口さんがヨーロッパのシードルマニア。メニューにはないが事前予約でシードルを提供。

Beer Cellar Sapporo

北海道札幌市中央区南1条西12丁目322-1
AMSビル1F ☎011-211-8564
http://beer-cellar-sapporo.com

クラフトビールのファンも支持するアメリカのハードサイダーを常時ラインナップ。

酒舗 稲村屋

北海道北斗市市渡1-1-7 北斗市観光交流センター別館「ほっくる」内 ☎0138-83-8565
http://syuho-inamuraya.com

北海道と青森のシードルがほぼ揃っている。ワインディスペンサーがあり、シードルが加わることも。

青森県

Wine & Sake Room Rocket & Co.

青森県青森市新町1-3-34
☎017-715-9024
https://www.facebook.com/LLCRocketCo/

青森県産シードルを販売。17時からバーになり、購入商品を飲めるほか、月替わりでグラスも提供。

オステリア エノテカ ダ サスィーノ

青森県弘前市本町56-8
☎0172-33-8299
http://dasasino.com

自家農園で育てた食材で一から手づくりした料理に、自家醸造した生シードルやワインを。

代官町 cafe & bar

青森県弘前市代官町13-1
☎0172-55-6170
http://garutsu.co.jp/cafe/

自家醸造した"樽生"のシードルを提供&ボトル販売。青森の魚介と合わせて、食中酒に。

カブセンター弘前店

青森県弘前市高田4-2-10 ☎0172-27-6500
http://www.beny.co.jp/store_info/hirosaki/cub_hirosaki/

弘前市内随一のスーパーマーケット。青森県産のシードルが充実し、地元の特産品も豊富。

長野県

はすみふぁーむ&ワイナリー Shop&Café@上田柳町店

長野県上田市中央4-7-34
☎0268-75-0450
http://hasumifarm.com/free/ueda

ワイン、シードルなどの自社製品を購入でき、テイスティング・カフェとしても利用可。

信州松本りんごバル

長野県松本市深志1-2-5 上條医院ビル1F
☎0263-88-8875 https://www.facebook.com/信州松本りんごバル-1958606544413830/

信州のりんごでつくったシードルを筆頭に、国内外のシードル60種以上が一堂に会す。

スペインバル モナチューロス

長野県松本市中央1-4-15 アイケイビル1・2F
☎0263-36-6078
http://www.mona-chu.com

スペイン、信州のシードルを楽しめる。2階にはフラメンコのライブを行うレストランも。

ワキン酒場かもしや

長野県松本市中央1-10-34 公園通りビル103
☎0263-32-6338
http://kamoshiya.naganoblog.jp/

通常シードルの提供はないが、年1回（不定期）、テーマを決めてシードルの試飲会を開催。

Bar ICHINANA

長野県伊那市荒井3393-1-4 ☎0265-96-7717
https://www.facebook.com/ichinanaichinanaichinana/

マスターがシードルアンバサダー。「カモシカシードル醸造所」はグラスで提供。シードルのカクテルも。

酒のなかきや

長野県上伊那郡南箕輪村南原8304-180
☎0265-72-2767
http://sakenonakakiya.main.jp/

近所にあり、仲のいい「カモシカシードル醸造所」のシードルを豊富に常備している。

NATURAL KITCHEN TESSHIN

長野県飯田市本町2-1 SANCTUARYビル1F
☎0265-48-0150
http://filare.net/tesshin/

地元の野菜を用いた料理が評判のイタリアン。南信州を中心に5種類ほどのシードルを常備。

MAIN BAR Matsu

長野県飯田市本町1-10-1 2F ☎050-3583-1950
https://www.facebook.com/MAIN-BAR-Matsu-504552889687196/

南信州産やフランス産のシードルが揃う。シードルを使ったオリジナルカクテルも豊富。

松屋ごとう酒店

長野県飯田市箕瀬町2-2514
☎0265-22-0456
https://www.facebook.com/matuyagoto/

南信州のシードルなど、地元のお酒が多数。国際りんご・シードル振興会の代表も務める。

モンマートいぎみ

長野県飯田市鼎中平2544-1
☎0265-22-0777
http://www.igimi.jp/

「posh りんごの雫」をつくった伊那谷クラウドの一軒。シードルの試飲会を行うことも。

群馬県

ル コアンバール

群馬県前橋市古市町1-14-15 リヨンビル3F
☎090-8859-1723
https://www.facebook.com/coin215/

フランスと長野のシードルを中心に、カルヴァドスなどを用意。飲み比べに最適な小瓶もあり。

埼玉県

ワインスタンド PON!

埼玉県川越市仲町5-7
☎049-224-2626
https://facebook.com/winestandpon

フランス・ノルマンディの「ラ・シュエット」など、国内外のシードルがグラスで味わえる。

東京都

銀座 NAGANO

東京都中央区銀座5-6-5 NOCO1・2・4F
☎03-6274-6018
https://www.ginza-nagano.jp

長野県のアンテナショップ。シードルに関する質問は、バルカウンターのソムリエまで。

ホブゴブリン六本木

東京都港区六本木3-16-33 青葉六本木ビル1F
☎03-3568-1280 http://www.hobgoblin.jp/Roppongi/tabid/119/language/ja-JP/Default.aspx

ブリティッシュ・パブの有名店で、サイダーはボトルとドラフトがある。飲み比べてみて。

紀ノ国屋 インターナショナル(青山店)

東京都港区北青山3-11-7 AoビルB1F
☎03-3409-1231
http://www.e-kinokuniya.com/

東京・青山の店舗にて「ヴァル・ド・ランス」のオーガニックと甘口を販売(その他一部店舗で販売)。

カーヴ ド リラックス 虎ノ門店

東京都港区西新橋1-6-11
03-3595-3697
http://www.cavederelax.com

ワイン専門だが、フランスや日本など、厳選されたワイナリーのシードルが6種類ほど揃う。

After Taste

東京都新宿区新宿3-28-16 新宿コルネビル 5F
03-6273-2001　https://www.facebook.com/AfterTaste.shinjyuku/

シードルは国産が中心で、売り切れると別の銘柄が登板。訪れるたび新しい出合いが！

アフターテイスト コモド トラットリア&バー

東京都新宿区西新宿1-14-3 新宿ひかりビル4F
03-5990-5522　https://www.facebook.com/AfterTaste.COMODO

シードルは海外産がメインでフランス、アメリカ、イギリスが充実。手打ちの自家製パスタもぜひ。

ル ブルターニュ バー ア シードル レストラン

東京都新宿区神楽坂3-3-6
03-5229-3555
http://www.le-bretagne.com/j/bar/

シードルは国産とフランス直輸入のものが約20種。ブルターニュの郷土料理もおすすめ。

AGARIS

東京都新宿区神楽坂4-3 楽山ビル B1F
03-5229-0141
https://www.facebook.com/Agaris52290141/

国産ワインがコンセプト。シードルも、国産が入れ替わりで3～4種。不定期でグラスの提供もある。

The Royal Scotsman

東京都新宿区神楽坂3-6-28 土屋ビル1F
03-6280-8852
http://www.royalscotsman.jp

イギリスのサイダーはパブの定番。ハギス、フィッシュ&チップスなどの英国料理にも定評あり。

BAR LEON バー レオン

東京都台東区上野2-11-1 KIIビル 2F
03-3833-9833
https://www.facebook.com/barleon.ueno/

ブルターニュをはじめ、国内外のシードルが充実。焼きたてガレットと相性ぴったり。

ワイン・スタイルズ

東京都台東区台東3-40-10 大畑ビル 1F
03-3837-1313
https://winestyles.jp/

イギリスを中心に30種類以上のシードルが揃う。こぢんまりしたカウンターもあり、グラスで提供も。

ミヤタビール

東京都墨田区横川3-12-19 松井ビル1F
☎03-3626-2239
http://miyatabeer.com

醸造所直結のタップから注ぐ自家製のシードルとビールを楽しめる。シードルは瓶での販売も予定。

ガルツ　シードル&ワインバー

東京都品川区小山3-2-5　☎070-6949-0810
https://www.facebook.com/Garutsu-Bistro-stand-299112856950008/

青森県のサイダリー「GARUTSU」のシードルが揃う。シードルに合うビストロデリも充実。

ビアットリア　ミャゴラーレ

東京都世田谷区南烏山6-5-7 明光ビル新館102
☎03-6886-1053　https://www.facebook.com/BeerttoriaMiagolare/

ビールがメインだが、一部アメリカのサイダーも提供。不定期で生シードルが登場することも。

北沢小西

東京都世田谷区代沢5-28-16
☎03-3421-0932
http://kitazawakonishi.com

日本とアメリカのクラフトビールや、アメリカのハードサイダーを扱う。合計200種！

森田屋商店

東京都大田区東六郷2-9-12
☎03-3731-2046
http://sakemorita.com/

自然派の生産者を中心に、お気に入りのシードルを、世界中から国を問わず厳選して販売している。

Bar MIZ

東京都渋谷区渋谷2-2-4 青山ALCOVE203
☎03-6433-5906　https://www.facebook.com/Bar-MIZ-1537961819780128/

季節のフルーツカクテルも楽しめる落ち着いた店内。ウィスキーやシェリー酒、シードルが揃う。

ウィルトスワイン神宮前

東京都渋谷区神宮前2-11-19
☎03-4405-8537
http://www.virtus-wine.com/

厳選したシードルが約10種。スティルから一次発酵、りんご品種の異なるものなど多彩な味が揃う。

メゾンブルトンヌ・ガレット屋

東京都渋谷区笹塚3-19-6 1F
☎03-6304-2855
http://maisonbretonne-galette.com

ここでしか飲めない、完全有機でつくられたブルターニュのシードルをガレットと楽しもう。

ブレッツカフェクレープリー ル コントワール 恵比寿店

東京都渋谷区恵比寿4-11-8 グラン・ヌーノ1F
☎03-6455-7100 http://www.le-bretagne.com/j/creperies/ebisu.html

パリのクレープリー、ブレッツカフェの姉妹店。店内にブルターニュのシードルがずらり。

Bar mimpi manis

東京都中野区本町4-39-3
☎03-6759-3728 https://www.facebook.com/beerlovemimpimanis/

クラフトビールをタップで楽しめ、不定期で生シードルも。ボトルはGARUTSUのほか、今後増加予定。

目白田中屋

東京都豊島区目白3-4-14
☎非公開
http://tanakaya.cognacfan.com

世界中の酒を取り揃える。シードル初心者も、知識豊富なスタッフに相談できて安心。

びあマBASE

東京都足立区千住緑町1-22-10
☎080-2119-3681

びあマ楽天市場店の倉庫の2階で、扱っている全種類のサイダーを購入して飲むことができる。

横丁ワイン酒場リド

東京都多摩市落合1-11-3 おちあい横丁B1F
☎042-400-7445
http://www.lido-vins.com/

スタッフ全員がシードルアンバサダーの資格をもつ。シードルは100種類以上、タップも2つ。

リカーMORISAWA

東京都多摩市東寺方563
☎042-374-3880
https://www.rakuten.ne.jp/gold/morisawa/

自然派ワインに特化し、シードルも自然なつくり方のものを販売。オンラインショップあり。

蔵家SAKE LABO

東京都町田市中町1-1-4 No.R町田北ビル1F
☎042-709-3628
https://www.facebook.com/kurayasakelabo/

常時2種類（小瓶700円～）を酒のアテと楽しめる。飲んだシードルは物販コーナーで購入も可能。

リカーポート蔵家

東京都町田市木曽西1-1-15
☎042-793-2176
http://kura-ya.com/

シードルアンバサダーのスタッフが、海外、国内問わず10種類以上を厳選している。

千葉県

いまでや

千葉県千葉市中央区仁戸名町714-4
043-264-1439
http://www.imadeya.co.jp

日本酒、国内外のワイン、さらに世界のシードルを用意。オンラインショップもチェック！

神奈川県

エスポア しんかわ

神奈川県横浜市青葉区榎が丘13-10
045-981-0554
https://www.rakuten.co.jp/shinkawa/

オーナーの竹之内一行さんが試飲などをして選んだ2～5種類のシードルを販売。ネットからも購入可。

Noge West End

神奈川県横浜市中区宮川町2-16 藤井ビル1-A
045-231-0133
https://www.facebook.com/NogeWestEnd/

クラフトビールと国産シードルの専門店。評判の料理と合わせて食中酒として味わって。

バー・スーパーノヴァ

神奈川県横浜市中区相生町4-65
ポラリスビル3F　045-641-8086
http://www.barsupernova.com

果物やハーブを漬け込んだ自家製スピリッツのカクテルや、月替りのシードルを堪能。

フルモンティ

神奈川県横浜市中区福富町西通り41
北原ビル102　045-334-8787
http://fullmontyyokohama.com

クラフトビールも充実している日本で唯一の本格ブリティッシュ・サイダーハウス！

焼鳥 ムック 松原商店街店

神奈川県横浜市保土ヶ谷区宮田町1-5-1
045-331-7969

気軽な立ち飲みで、昼間から焼き鳥と合わせてシードルが楽しめる。ラインナップは随時入れ替わる。

ワインショップ藤屋酒店

神奈川県秦野市今川町2-12
0463-81-0718
http://www.fujiyasaketen.com/

フランス・イタリアワインの店。「シードルリー・デュ・ヴュルカン」などシードルも（入荷不定期）。

鴨宮かのや酒店

神奈川県小田原市南鴨宮2-44-8
0465-47-2826　http://www5a.biglobe.ne.jp/~kanoya/index.htm

約10年前からシードルを販売し、ほぼ国内で約50種類。食事向きの辛口が多い。ネットからも注文可。

京都府

スペインバル・シドラ

京都府京都市左京区孫橋町31-4 ペンタグラム川端御池1・B1F 📞075-708-6796
http://www.sidra.jp

フレッシュなシードルをテリーヌなど自慢のタパスと一緒にどうぞ。昼飲みも歓迎！

広島県

アイニティ

広島県広島市中区八丁堀12-20
チュリス新八丁堀ビル1F
📞082-962-7002

カジュアルな立ち飲み屋で、和＆洋さまざまなつまみとシードルのペアリングを楽しめる。

山口県

WINE&CIDRE Bar 和音 ～わおと～

山口県山口市小郡下郷1288-36 塩見ビル1F
📞080-5627-7085 https://www.facebook.com/waoto.wine.cidre/

落ち着いた空間で、国内外のシードルやワインを。シードルは週替わりで用意。

愛媛県

津田酒店

愛媛県松山市木屋町2-7-26
📞089-926-6662
https://www.rakuten.co.jp/tsutaya/

フランスや日本のほか、スペインの品揃えが多い。楽天市場「津田SAKE店」でも同じ商品を購入可。

その他

信濃屋

📞03-3412-2448
http://www.shinanoya.co.jp

フランスの「アプルヴァル」など、シードルのほか、カルヴァドスも販売。ネットで情報発信も。

明治屋

0120-565-580
http://www.meidi-ya.co.jp

世界的な名声を博した「クリスチャン・ドルーアン」のシードルをフランスから直輸入！

カルディコーヒーファーム

0120-415-023
https://www.kaldi.co.jp

フランス・ブルターニュ地方のシードル「ラ・ブーシュ・オン・クール」が手に入る。

ヴィノスやまざき

0120-740-790
http://www.v-yamazaki.co.jp/

全国24店舗を展開する直輸入型専門ショップ。生産者の元を訪れ、交渉して仕入れた商品を販売。

びあマ楽天市場店

https://www.rakuten.ne.jp/gold/sake-taniguchi/

アメリカのサイダーは約70種類と随一の品揃え。フランス、イギリス、ニュージーランドなども。

武蔵屋

https://www.musashiya-net.co.jp/
※「武蔵屋 シードル」で検索

洋酒に特化したオンラインショップ。東京都内のバーへの販売が多くシードルも20種類以上扱う。

葡萄酒蔵ゆはら

http://wine-yuhara.com/

イタリア・フランスワイン専門でレストラン卸がメイン。種類が豊富でシードルもレアなものが多い。

※2018年2月現在の情報です。店舗の情報や在庫状況が変更になる場合もあります。お電話は営業日・営業時間をご確認のうえおかけください。個別の商品に関しては、P182〜184の輸入会社・生産者までお問合せください。

シードルをもっと知るための本とウェブサイト

本書をまとめるにあたって参考にさせていただいた
主な書籍やウェブサイトをご紹介。新しい情報も続々とアップされています。

書籍など

- 『世界のシードル図鑑』（ピート・ブラウン&ビル・ブラッドショー 共著／原書房）
- 『シードルの事典』（小野司 監修／誠文堂新光社）
- 『リンゴの歴史』（エリカ・ジャニク 著　甲斐理恵子 訳／原書房）
- 『りんごって、どんなくだもの？』（安田守 著・写真／岩崎書店）
- 『Cider, Hard & Sweet: History, Traditions, and Making Your Own』（Ben Watson著／The Countryman Press）
- 『Cider: Making, Using & Enjoying Sweet & Hard Cider』（Annie Proulx & Lew Nichols共著／Storey Books）
- 『Craft Cider Making』（Andrew Lea著／The Crowood Press）
- 『Cider Enthusiasts' Manual: The Practical Guide to Growing Apples and Cidermaking』（Bill Bradshaw著／Haynes Publishing）
- 「りんごの消費や需要に見る歴史文化性の差異について」（四宮俊之 著／『弘前大学大学院地域社会研究科年報』第4号 P21-38）
- 「フランスのリンゴ酒シードルとその蒸留酒カルバドスの歴史と現状」（境 博成 著／『日本醸造協会誌』102巻（2007）5号 P339-351）
- 「恵泉 果物の文化史（9）リンゴ」（小林幹夫 著／『園芸文化』11巻 P31-36）

ウェブサイト

- 日本シードルマスター協会
  http://jcidre.com
- 国際りんご・シードル振興会
  http://pommelier.net
- りんご大学
  http://www.ringodaigaku.com/m/index.html
- りんご酒情報局
  https://www.facebook.com/Cider.Info.Jp
- にっぽんのおいしいシードル
  http://www.kohyusha.co.jp/nanairo/title/cider
- シードル専門コンシェルジュ・安倍かや乃氏のブログ
  https://ameblo.jp/4yui
- アサヒビールのニッカシードルページ
  https://www.asahibeer.co.jp/cidre
- サイダージャーナリスト ビル・ブラッドショー氏のブログ
  https://www.billbradshaw.co.uk/cider
- LA SIDRA：スペイン・アストゥリアスのシドラ情報サイト
  http://www.lasidra.as
- Cider Guide：エリック・ウェスト氏のサイト
  https://ciderguide.com
- in Cider Japan
  http://www.inciderjapan.com

CONTACT

輸入会社・生産者問合せ連絡先リスト（掲載順）

1. The Counter …… http://www.thecounter.jp
2. THREE RIVERS …… ☎03-3926-3508
3. 田地商店（信濃屋）…… ☎03-6453-1970 http://www.shinanoya-tokyo.jp
4. アレグレス …… ☎03-6427-7406 http://allegresse-take.shop-pro.jp
5. アルカン …… ☎03-3664-6591 https://www.arcane.co.jp
6. W …… http://winc.asia
7. メゾンドノルマンディー …… https://store.shopping.yahoo.co.jp/maisondenormandie
8. ヴァンクゥール …… ☎03-5280-3001
9. BMO／片岡物産 …… ☎03-5459-4334
10. オーバーシーズ …… 0120-522-582
11. 明治屋 …… 0120-565-580
12. ヴィノスやまざき …… 0120-740-790
13. トゥエンティーワンコミュニティ …… http://wsommelier.com
14. 重松貿易 …… ☎06-6231-6081
15. 伏見ワインビジネスコンサルティング …… ☎045-771-4587
16. ビア・キャッツ …… ☎03-5904-8949
17. ル・ブルターニュ …… cidre@le-bretagne.com
18. ユニオンリカーズ …… info@union-liquors.com
19. ディオニー …… http://www.diony.com
20. 出水商事 …… ☎03-3964-2272 http://www.izumitrading.co.jp
21. サンリバティー …… ☎03-3465-8011
22. カルネ・グルモン …… ☎03-5848-8103
23. ラフィネ …… info@raffinewine.com
24. マガザン ビオ・シードル …… http://biocidre.jp
25. いろはわいん …… http://www.irohawine.jp
26. ワイン・スタイルズ …… ☎03-3837-1313
27. FULL MONTY imports …… ☎045-309-9554
28. ワインショップ西村 …… info@ws2460.com
29. ホブゴブリン ジャパン …… https://www.hobgoblin-imports.jp
30. キムラ …… http://www.liquorlandjp.com
31. アイコン・ユーロパブ …… ☎03-5369-3601
32. リベルタス …… t-tanno@libertas-inc.com
33. イムコ …… mail-ymco@ymco.co.jp
34. オーケストラ …… http://www.orchestra.co.jp
35. チョーヤ梅酒 …… http://www.choya.co.jp
36. ファーマーズ …… http://beer-cellar-sapporo.com
37. 日本ビール …… http://www.nipponbeer.jp
38. 増毛フルーツワイナリー …… ☎0164-53-1668 http://www.mashike-winery.jp

39 オホーツク・オーチャード　0157-25-5502　http://apple-shinone.com
40 アップルランド山の駅おとえ　0164-25-1900
41 八剣山ワイナリー　011-596-3981
42 ばんけい峠のワイナリー　011-618-0522　http://bankei-winery.shop-pro.jp
43 北海道ワイン　0134-34-2181
44 リタファーム&ワイナリー　0135-23-8805
45 中井観光農園　0135-22-2565
46 さっぽろ藤野ワイナリー　011-593-8700
47 はこだてわいん　0138-65-8115
48 そうべつシードル造り実行委員会（壮瞥町商工会内）　http://www.sobetsu-shokokai.jp
49 タムラファーム　http://tamurafarm.jp
50 田中農園　groover1225@gmail.com　https://applepeach.thebase.in
51 モンブラン　info@mont-blanc.jp　http://mont-blanc.jp
52 ファットリア ダ・サスィーノ　fattoria.da.sasino@gmail.com
53 弘前シードル工房kimori　http://kimori-cidre.com
54 GARUTSU　0172-55-6170（18時～24時、月曜休）
55 A-FACTORY　017-752-1890
56 ベアレン醸造所　019-606-0766
57 五枚橋ワイナリー　http://www.gomaibashi.com
58 THREE PEAKS　info@3peaks.jp
59 遠野まごころネット　0198-62-1001
60 エーデルワイン　0198-48-3037
61 オカノウエプロジェクト　okanoue.project@gmail.com
62 タケダワイナリー　023-672-0040　http://www.takeda-wine.co.jp
63 朝日町ワイン　0237-68-2611
64 千代寿虎屋酒造　0237-86-6133
65 高畠ワイナリー　http://www.takahata-winery.jp
66 ふくしま農家の夢ワイン　0243-24-8170
67 ふくしま逢瀬ワイナリー　info@ousewinery.jp
68 仙台秋保醸造所　http://akiuwinery.co.jp
69 奥利根ワイン　http://www.oze.co.jp
70 道の駅 川場田園プラザ　http://www.denenplaza.co.jp
71 Bar Eclipse　03-3525-8653
72 木内酒造　http://kodawari.cc
73 サンクゼール　http://www.stcousair.co.jp
74 のらのらファーム　norah.resort@gmail.com（高野珠美）
75 一里山農園　026-253-3762
76 たかやしろファーム&ワイナリー　http://www.takayashirofarm.com
77 羽生田果樹園／はねげん　http://haniuda-apple.ocnk.net　info@hanegen.co.jp
78 西飯田酒造店　026-292-2047
79 リュードヴァン　http://ruedevin.jp

80 はすみふぁーむ&ワイナリー ☎0268-64-5550 info@hasumifarm.com
81 アルカンヴィーニュ ☎0268-71-7082
82 ヴィラデストワイナリー http://www.villadest.com
83 りんごやSUDA ☎090-9144-4642 ringo-suda@sepia.ocn.ne.jp
84 プチポム
「姫リンゴのロゼワイン」 ☎0267-56-1104
「果肉が赤い姫リンゴのシードル」 info@petitepomme.jp
85 プラスフォレスト http://cidre.ocnk.net
86 キッコーマンお客様相談センター 0120-120-358
87 丘の上ファーム原農園 http://www.harafarm.com
88 りんご屋たけむら https://www.ringoya-takemura.com
89 カモシカシードル醸造所 ☎0265-73-0580
90 信州まし野ワイン http://www.mashinowine.com
91 南信州まつかわ りんごワイン・シードル振興会 ☎090-8773-6044(北沢)
92 喜久水酒造 ☎0265-22-2300 http://www.kikusuisake.co.jp
93 伊那谷クラウド http://inadani-cloud.com
94 Farm & Cidery KANESHIGE(株式会社道) ☎0260-27-1250 http://ringo-juice.com
95 ノーザンアルプスヴィンヤード ☎0261-22-2564 info@navineyards.lolipop.jp
96 アデカ ☎04-7165-1234 info@adeca.co.jp(西田隆信)
97 福源酒造 ☎0261-62-2210 http://www.sake-fukugen.com
98 帯刀りんご農園 ☎0263-77-3531
99 ルミエール ☎0553-47-0207 http://www.lumiere.jp
100 東京ワイナリー http://www.wine.tokyo.jp
101 SAYS FARM ☎0766-72-8288 http://www.saysfarm.com
102 中国醸造 ☎0829-32-2111
103 福山わいん工房 http://www.enivrant.co.jp/vindefukuyama
104 奥出雲葡萄園 http://www.okuizumo.com
105 丹波ワイン http://www.tambawine.co.jp
106 鶴見酒造 ☎0567-31-1141
107 MaY http://www.may-eu.com
108 ミトク ☎03-5444-6750 https://31095.jp
109 HARUNA 0120-50-7177 http://haruna-brand.com
110 グローバルグロサリー ☎03-6260-9303
111 エヴィーノ https://www.evino33.com
112 テラヴェール http://www.terravert.co.jp
113 野村ユニソン ☎03-3538-7854
114 やまや http://www.yamaya.jp
115 ウィスク・イー https://whisk-e.co.jp
116 モトックス http://www.mottox.co.jp

※2018年2月現在の情報です。問合せ先や連絡先が変更になる場合があります。
お電話は営業日・営業時間をご確認のうえおかけください。

商品索引（五十音順）

◐フランス

イギリス

スペイン

アメリカ

◉ 日本

ドイツ

オーストリア

スイス

イタリア

ニュージーランド

オーストラリア

南アフリカ共和国

日本シードルマスター協会

http://jcidre.com/

シードル（Cider）を日本国内に普及させ、どこでも飲めるメジャーなお酒にすることを目指し、2015年に設立。2016年に東京で始まったシードルコレクションは、今では北海道や長野でも開催され、国内外のシードルの魅力にふれられます。また、協会ではシードルアンバサダーの認定試験を実施するほか、シードル関連のイベントやセミナーなどへの協力、産地の情報提供なども行っています。2018年夏には、初の試みとなる「JAPAN CIDER AWARDS」を開催予定。

シードルアンバサダーとは?

世界各国のシードルやりんごの文化を正しく理解し、情報提供を行える人材を「シードルアンバサダー」として認定しています。認定試験は、不定期で年3回ほど実施。世界及び日本のりんご栽培や歴史、国・地域ごとの特徴、製造方法などに関する問題が出題されます。詳しくは、日本シードルマスター協会のホームページをご確認ください。

監修

「Bar & Sidreria Eclipse first」店主

藤井達郎 Tatsuro Fujii

1980年、群馬県生まれ。高校卒業後、プロボクサーを経て、バーテンダーに転身。スコットランドの蒸留所巡りをした際、パブで出合ったサイダー（シードル）の奥深さに触れ、興味を持つ。神楽坂「M's Bar & Caffé」でのバーテンダーの経験を経て、2015年に「Bar & Sidreria Eclipse first」をオープン。長野県、青森県など国内をはじめ、フランスやスペインなど各国の産地を訪れ、生産者との交流も深い。オリジナルのシードルづくりにも取り組んでいる。

- 日本シードルマスター協会 宣伝広報部長
- 日本シードルマスター協会 特認シードルアンバサダー
- 国際りんご・シードル振興会認定 ポム・ド・リエゾン
- ウイスキー文化研究所認定 ウイスキープロフェッショナル
- ウイスキー文化研究所認定 ウイスキーセミナー講師

居心地のいい空間で
シードルの魅力にふれる

バー&シドレリア エクリプス ファースト

シードルとウイスキーの専門バー。重厚な一枚板のカウンターでゆったりとくつろげます。シードルは50種類以上そろい、気軽にシードルを味わってほしいと、8種類ほどグラスで提供。店主の地元である群馬県産の生ハムや上州牛のビーフシチュー、ムール貝のシードル蒸しなど料理も充実しています。国内外の生産者との親交も深く、気さくな店主とシードル談議で盛り上がるのも楽しみです。

「Bar & Sidreria Eclipse first」
東京都千代田区鍛治町2-7-10 廣瀬ビル1F
☎03-3525-8653
15：00〜24：00（LO23：30）、日曜休
カウンター6席、テーブル12席
https://www.facebook.com/eclipse.kanda/

STAFF

協力 … 小野 司（日本シードルマスター協会 代表理事）
竹村 剛（信州まし野ワイン）
編集 … 井島加恵（mii）
執筆 … 井島加恵（mii） 沼 由美子 信藤舞子
アートディレクション … 細山田光宣
デザイン … 藤井保奈（細山田デザイン事務所）
撮影 … yOU（河﨑夕子）
料理制作・スタイリング … タカハシユキ
イラスト … tent
DTP … オノ・エーワン
校正 … 池田一郎（PAMPERO）

取材協力

信州まし野ワイン　カモシカシードル醸造所　喜久水酒造
伊那谷クラウド　Farm & Cidery KANESHIGE　東京ワイナリー
松井りんご園　その他生産者・インポーターのみなさま

画像提供

The Counter　W　田地商店　BMO・片岡物産　ワイン・スタイルズ
FULL MONTY imports　キムラ　イムコ　ファーマーズ　チョーヤ梅酒
タムラファーム　増毛フルーツワイナリー　MaY　テラヴェール
ウィスク・イー　THREE RIVERS　もりやま園　果実庭
小布施屋（http://www.obuse-ya.jp/）　日本ピンクレディー協会
taka / PIXTA　gardeningpix / Alamy Stock Photo　Library of Congress
LA SIDRA（infolasidra@gmail.com　http://www.lasidra.as/）

撮影協力

バルビーブロー　http://barbie-bleau.com/
チポーラ　http://cipolla.co.jp/

知る・選ぶ・楽しむ
シードルガイド

監修者　藤井達郎
発行者　池田士文
印刷所　日経印刷株式会社
製本所　日経印刷株式会社
発行所　株式会社池田書店
〒162-0851　東京都新宿区弁天町43番地
電話 03-3267-6821（代）／振替00120-9-60072

落丁・乱丁はおとりかえいたします。

ISBN978-4-262-13036-1

1800004